国家出版基金项目
NATIONAL PUBLICATION FOUNDATION
"十二五"国家重点图书出版规划项目

中国地理百科

GEOGRAPHY ENCYCLOPEDIA

U0257069

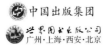

中国出版集团

世界图书出版公司
广州·上海·西安·北京

中国地理百科
CHINA
GEOGRAPHY ENCYCLOPEDIA

自然·经济·历史·文化

延边山区

中国地理百科丛书编委会　编著

龚　灿　撰

中国出版集团
世界图书出版公司
广州·上海·西安·北京

图书在版编目(CIP)数据

延边山区/《中国地理百科》丛书编委会编著. —广州：世界图书出版广东有限公司，2014.11

（中国地理百科）

ISBN 978-7-5100-8200-9

Ⅰ.①延… Ⅱ.①中… Ⅲ.①山区—介绍—延边朝鲜族自治州 Ⅳ.①P942.342.76

中国版本图书馆CIP数据核字（2014）第254932号

延边山区 YANBIAN SHANQU

本册主编：司徒尚纪
本册撰稿：龚　灿

项目策划：陈　岩
项目负责：陈名港
责任编辑：韩海霞
责任技编：刘上锦
装帧设计：唐　薇

出版发行：世界图书出版广东有限公司（地址：广州市新港西路大江冲25号）
制　　作：广州市文化传播事务所
经　　销：全国新华书店
印　　刷：广州汉鼎印务有限公司
规　　格：787mm×1092mm　1/16　12.75印张　311千字
版　　次：2014年11月第1版
印　　次：2014年11月第1次印刷
书　　号：ISBN 978-7-5100-8200-9/K・0203
定　　价：49.90元

　　"一方水土养一方人"，这是人—地关系的中国式表述。基于这一认知，中国地理百科丛书尝试以地理学为基础，融自然科学与社会科学于一体，对中国广袤无垠的天地之间之人与环境相互作用、和谐共处的历史和现状以全方位视野实现一次全面系统、浅显易懂的表述。学术界在相关学科领域的深厚积累，为实现这种尝试提供了坚实的基础。本丛书力图将这些成果梳理成篇，并以读者所乐见的形式呈现，借以充实地理科普读物品种，实现知识的"常识化"这一目标。

　　为强化本丛书作为科普读物的特性，保持每一地理区域的相对完整和内在联系，本丛书根据中国的山川形胜，划出数百个地理单元（例如"成都平原""河西走廊""南海诸岛""三江平原"等），各地理单元全部拼合衔接，即覆盖中国全境。以这些独立地理单元为单位，将其内容集结成册，即是本丛书的构成主体。除此之外，为了更全面、更立体地展示中国地理的全貌，在上述地理单元分册的基础上，又衍生出另外两种类型的分册：其一以同类型地理事物为集结对象，如《绿洲》《岩溶地貌》《丹霞地貌》等；其二以宏大地理事物为叙述对象，如《长江》《长城》《北纬30度》等。以上三种类型的图书共同构成了本丛书的全部内容，读者可依据自己的兴趣所在以及视野幅宽，自由选读其中部分分册或者丛书全部。

　　本丛书的每一分册，均以某一特定地理单元或地理事物所在的"一方水土"的地质、地貌、气候、资源、多样性物种等，以及在此间展开的人类活动——经济、历史、文化等多元内容为叙述的核心。为方便不同年龄、不同知识背景的读者系统而有效地获取信息，各分册的内容不做严格、细致的分类，而只依词条间的相关程度大致集结，简单分编，使整体内容得以保持有机联系，直观呈现。因此，通常情况下，每分册由4部分内容组成：第一部分为自然地理，涉及地质、地貌、土壤、水文、气候、物种、生态等相关的内容；第二部分为经济地理，容纳与生产力、生产方式和物产等相关的内容；第三部分为历史地理，主要为与人类活动历史相关的内容；第四部分为文化地理，收录民俗、宗教、文娱活动等与区域文化相关的内容。

　　本丛书不是学术著作，也非传统意义上的工具书，但为了容纳尽量多的知识，本丛书的编纂仍采用了类似工具书的体例，并力图将其打造成为兼具通俗读物之生动有趣与知识词典之简洁准确的科普读本——各分册所涉及的广阔知识面被浓缩为一个个具体的知识点，纷繁的信息被梳理为明晰的词条，并配以大量的视觉元素（照片、示意图、图表等）。这样一来，各分册内容合则为一个相对完整的知识系统，分则为一个个简明、有趣的知识点（词条），这种局部独立、图文交互的体例，可支持不同程度的随机或跳跃式阅读，给予读者最大程度的阅读自由。

　　总而言之，本丛书希望通过对"一方水土"的有效展示，让读者对自身所栖居的区域地理和人类活动及其相互作用有更全面而深入的了解。读者倘能因此而见微知著，提升对地理科学的兴趣和认知，进而加深对人与环境关系的理解，则更是编者所乐见的。

　　受限于图书的篇幅与体量，也基于简明、方便阅读等考虑，以下诸项敬请读者留意：

　　1. 本着求"精"而不求"全"的原则，本丛书以决定性、典型性、特殊性为词条收录标准，以概括分册涉及的知识精华为主旨。

　　2. 词条（包括民族、风俗等在内）释文秉持"述而不作"的客观态度。

　　3. 本丛书以国家基础地理信息中心提供的1：100万矢量地形要素数据（DLG）为基础绘制相关示意图，并依据丛书内容的需要进行标示、标注等处理，或因应实际需要进行缩放使用。相关示意图均不作为权属争议依据。

　　4. 本丛书所涉省（自治区、直辖市、特别行政区）、市（地区、自治州、盟）、县（区、市、自治县、旗、自治旗）等行政区划的标准名称，均统一标注于各分册的"区域地貌示意图"中。此外，非特殊情况，正文中不再以具体行政区划单位的全称表述（如"北京市朝阳区"，正文中简称为"北京朝阳"）。

　　5.历史文献资料中的专有名词及计量单位等，本丛书均直接引用。

　　这套陆续出版的科普丛书得到不同学科领域的多位专家、学者的悉心指导与大力支持，更多的专家、学者参与到丛书的编、撰、审诸环节中，大量摄影师及绘图工作者承担了丛书图片的拍摄和绘制工作，众多学术单位为丛书提供了资料及数据支持，共同为丛书的顺利出版做出了切实的贡献，在此一并表示感谢！

　　囿于水平之限，丛书中挂一漏万的情况在所难免，亟待读者的批评与指正，并欢迎读者提供建议、线索或来稿。

中国地理百科丛书编委会

中国地理百科 目录

前言

区域地貌示意图 1

边疆近海之地 2

一 自然地理

西高东低 9 / 山间盆地遍布 9 / 哈尔巴岭中山区 11 / 牡丹岭—南岗山中山低山区 11 /

延吉—和龙丘陵盆谷区 12 / 高岭—盘岭中山低山区 12 / 嘎呀河低山窄谷区 13 /

珲春—图们丘陵盆谷区 14 / 延吉盆地 14 / 延边山字型构造 15 / 延边造山带 15 /

春阳—汪清—珲春断裂 16 / 太平岭南段 16 / 哈尔巴岭 17 / 英额岭 17 / 南岗山 18 /

甑峰岭 19 / 大龙岭 19 / 圆池火山群 19 / 绥芬河水系 20 / 图们江水系 21 / 嘎呀河 22 /

布尔哈通河 23 / 海兰河流域 23 / 珲春河 23 / 雨热同期，季风明显 26 / 灰棕壤 26 /

"哑巴灾" 27 / 水土流失严重 28 / 深源地震 29 / 鹿窖岭 29 / 天长山 29 / 细鳞河 30 /

老黑山 30 / 白刀山 31 / 通沟岭 31 / 东宁盆地 31 / "洞庭" 峡谷 32 / 东宁台地 33 /

大绥芬河 33 / 瑚布图河 34 / 佛爷沟河 35 / 老黑山河 36 / 寒葱河 36 / 老松岭 37 / 杨旗山 37 /

小庙岭 37 / 四方山 38 / 磨盘山 38 / 蛤蟆塘盆地 38 / 汪清盆地 39 / 罗子沟盆地 40 /

春阳盆地 41 / 金仓河谷 41 / 汪清河 42 / 牡丹川 42 / 天星湖 42 / 盘岭 44 / 珲春岭 44 /

五家山 45 / 头道沟西山 45 / 敬信盆地 45 / 春化盆地 46 / 珲春平原 46 / 密江六棱石 47 /

草帽顶子矿泉 48 / 敬信湿地 48 / 密江河 49 / 圈河 50 / 头道沟·三道沟河 50 /

图们江口沙丘 50 / 中高岭 51 / 望海塔 51 / 日光山 52 / 图们盆地 52 / 凉水盆地 53 /

帽儿山 54 / 东大砬子 54 / 方台岭 54 / 延吉河 55 / 朝阳河 55 / 昆石列山 57 / 琵岩山 57 /

龙井盆地 57 / 药水洞矿泉 58 / 六道河·八道河 58 / 福成沼泽 59 / 明月湖 60 / 大荒沟 60 /

甑峰山 60 / 军舰山 62 / 和龙盆地 62 / 仙景台花岗岩 62 / 老里克湖 63 /

大马鹿沟河 64 / 新丰河 64 / 柳洞河 64 / 红旗河 65 / 亚东水库 65 /

长白山植物区系 69 / 鸟青山自然保护区 69 / 仙峰国家森林公园 70 /

汪清自然保护区 70 / 天佛指山自然保护区 71 / 松山划归林 72 / 赤松林 72 /

红松 74 / 鱼鳞松 75 / 红皮云杉 75 / 钻天柳 76 / 柞树 77 / 东北槭 77 / 胡枝子 78 /

大叶椴·小叶椴 78 / 刺五加 79 / 龙牙楤木 79 / 野玫瑰 80 / 白藓 80 / 金达莱 81 /

月见草 82 / 臭菘 82 / 图们江莲花 83 / 蓝靛果忍冬 83 / 北五味子 84 / 平贝母 84 /

猛犸象化石 85 / 珲春东北虎自然保护区 85 / 远东豹 86 / 东北虎 87 / 黑熊 90 /

棕熊 90 / 青羊 91 / 马鹿 91 / 赤狐 92 / 紫貂 93 / 猞猁 93 / 哈士蟆 94 / 蓑羽鹤 94 /

东方白鹳 95 / 花尾榛鸡 95 / 虎头海雕 96 / 罗纹鸭 97 / 滩头鱼 97 / 哲罗鱼 98 /

大马哈鱼 98 / 图们江中鮈 99 / 图们杜父鱼 99

二 经济地理

狩猎 103 / 渔业 103 / 稻作农业 104 / 从封禁到开放 105 / 流民私垦 106 /

佃民制度 107 / 平岗水田 107 / 采伐业 108 / 放山人 108 / "跑崴子" 109 /

中朝互市 110 / "旗镇" 111 / 珲春开埠 111 / "日本道" 112 / "东边道"铁路 112 /

古城里口岸 113 / 图们口岸 114 / 天宝山银矿 114 / 东宁煤田 115 / 汪清油页岩 115 /

山芹菜 116 / 山葡萄 116 / 水飞蓟 116 / 松茸 117 / 野山参 117 / 桔梗 118 / 薇菜 118 /

蕨菜 119 / 榛蘑 119 / 黑木耳 120 / 苹果梨 120 / 延边烤烟 121 / 苏子 121 /

延边牛 122 / 米酒 122 / 泡菜 123

三 历史地理

安图人 127 / 肃慎 127 / 北沃沮 128 / 女真人 128 / 库雅喇满族 129 / 回族 130 /

中原汉民流入 131 / "图们江出海口"之争 132 / "间岛"事件 133 / 青山里战斗 134 /

"张鼓峰事件" 135 / 井泉 135 / 凉水泉子 136 / 烟集冈 137 / 苍海郡 137 / 渤海国 138 /

东夏国 139 / 黑曜岩遗址 140 / 大六道沟遗址 141 / 金谷遗址 142 / 百草沟遗址 142 /

兴城青铜时代遗址 143 / 五排山城 143 / 西古城 146 / 八连城 147 / 萨其城 147 /

率宾府遗址 148 / 城子山山城 148 / 温特赫部城 149 / 裴优城 150 / 罗子沟古城 150 /
龙头山古墓群 151 / 延吉边墙遗址 151 / 延吉边务督办公署楼 152 / 间岛日本总领事馆 153 /
大荒沟抗日根据地 154 / 东炮台·西炮台 155 / 凉水断桥 156 / 东宁要塞群 156

四 文化地理

中国最大的朝鲜族聚居地 161 / 白衣民族 162 / 传统房屋 162 / 朝鲜大炕 163 /
巴基·古克 164 / 则高利·契玛 164 / 捣衣 165 / 冷面 166 / 打糕 167 / 大酱汤 167 /
狗肉汤 168 / 大麦茶 168 / 婚礼 169 / 回婚礼 169 / "男主外，女主内" 172 / "忌绳" 172 /
朝鲜族抓周 173 / "饭含" 173 / 水田文化 174 / 尊老 175 / 花甲宴 175 / 岁首节 176 /
上元节 177 / 寒食节 177 / 采参习俗 178 / 崇尚 "七色" 178 / 五谷祭 179 / 大倧教 179 /
库雅喇满族祭祖 180 / 洞箫 180 / 扇子舞 181 / 长鼓舞 182 / 象帽舞 182 / 农乐舞 183 /
荡秋千 184 / 拔河 185 / 摔跤 186 / 跳板 187 / 顶瓮竞走 187 / 杨泡满族剪纸 188 / 大钦茂 189 /
吴大澂 189 / 童长荣 190 / 黄龟渊 190 / 尹东柱 191

边疆近海之地

　　长白山是中国东北部一条著名的山脉，其主要地貌特征是山脉丘陵众多而平行，大致呈北北东—南南西走向。它的东北部尾闾东缘——也就是本区所在的吉林、黑龙江交界处——有哈尔巴岭、方台岭、高岭、老松岭、盘岭、大龙岭等，皆和长白山脉的走向大致相同，是长白山地的一个边缘片区，本书涵盖的范围，排除了长白山腹地所在的安图西南部，以及受敦密断裂带影响的敦化，而北起太平岭南段，南抵南岗山与甑峰岭交界地带，西触哈尔巴岭—牡丹岭，东临图们江，包括了吉林延边的龙井、和龙、延吉、图们、珲春、汪清等地区的全部和安图东北部（新河—升平林场一线以东），以及与延边北部接壤的黑龙江牡丹江的东宁和绥芬河，地广人稀，面积约为5万平方千米，人口却只有约192万（据2010年第六次全国人口普查主要数据）。

　　本区整体地势西高东低，自西南、西北、东北三面向东南倾斜。海拔在500—1000米之间的土地约占总面积的78%，最高点坐落在和龙西部的甑峰山，海拔1676米；最低处则在珲春敬信境内的防川一带，仅高出海平面5米。但在本区，却难以见到因海拔差异所表现出来的险峻地势，因为中低山地、丘陵、盆地三个梯度所呈现出的地貌类型消弭了这种悬殊对比。隶属于长白山脉支脉的太平岭、老爷岭、哈尔巴岭、甑峰岭、南岗山等海拔逾千米的中低山，大多呈西南—东北走向，分布在本区周围；大龙岭、盘岭、高岭、老松岭、英额岭、通沟岭等走向较为复杂的山岭则将整片山地切割成零碎的若干块。在山地前缘，低矮绵延的丘陵分布面积并不广泛，成为与盆地之间的缓冲地带；在山岭与山岭之间，中生代形成的断陷盆地（安图盆地、延吉盆地、龙井盆地、和龙盆地、汪清盆地、罗子沟盆地、图们盆地、凉水盆地、珲春盆地、敬信盆地、春化盆地……）犹如粒粒珍珠撒在"白山黑水"中，造就了山岭盆谷相间的地理景观。

　　在众多山岭间蜿蜒流过的是图们江水系和绥芬河水系的众多支流，包括红旗河、海兰河、布尔哈通河、嘎呀河、珲春河、密江河、大绥芬河、小绥芬河等大小河流逾400条。它们从长白山的高山密林处发源，一路穿过狭窄的谷地，在地势平坦的盆地内部冲刷出土壤肥沃的珲春平原、龙岗平原、海兰河平原等河谷平原，让本区成为延边重要的农业耕作区和人口聚居区。在图们江流域内，众多湖泊、沼泽湿地以及它们所承载的生态系统，为延边的水文景观增添了多样性。

长白山余脉北延进入本区南部，在安图—汪清一带形成甑峰岭、南岗山等连绵山地，每逢夏秋交替之际，山地上连片生长的红松、赤松、红皮云杉等针、阔混交的原始乔木林由青转黄，蔚为壮观。

延边地区山岭之间的断陷盆地平坦肥沃、地广人稀，是东北最早种植水稻的地区之一（左图）。同时，本区森林资源极其丰富，自古就是东北野山参等重要药材的产地和交易中心（右图）。

这样一片山峦起伏、盆谷相间、河流奔腾的土地，位于中国东北边陲近海一隅，东部与朝鲜隔图们江相望，东北部与俄罗斯接壤，距离日本海最近只有15千米。西高东低的地势特点以及邻近日本海的地理位置，使得地处中温带的延边地区，气候与内陆同纬度地区呈现出差异。这里不仅受到亚洲大陆和太平洋高、低气压季节变化的影响，而且还处于各种气团势力消长以及锋带季节移动的过渡带，因此既有温带大陆性季风气候的特点，又有海洋性气候的特征，属中温带湿润季风气候区。受日本海影响，此地的降水量随着地势走向，由东向西逐渐减少，且迎风坡要多于背风坡。在半湿润季风气候与灰棕壤的交互作用下，延边的山地森林覆盖率高达80%，植被垂直分布明显，植物种类繁多，野生植物多达1460余种，植物区系属于长白山植物区系。赤松、红松、鱼鳞松、柞树、红皮云杉等高大乔木自然原始地生长，构成延边广袤的原始森林植被；胡枝子、白鲜、金达莱、山参、松茸、薇菜、蕨菜、黑木耳等产量丰富，是本区重要的经济作物和特产，特别是山参和松茸；茂密的丛林、河谷、盆地中，活跃着550多种野生动物，其中不乏东北虎、远东豹、紫貂、东方白鹳等珍稀动物。历史上，这里就因盛产"东北三宝"——人参、紫貂和鹿茸而远近驰名。本区最为丰富的资源应该属森林，大大小小的林场星罗棋布，分布在每一座山脉、每一条山岭上，汪清更是被称为"木业之都"。

延边地区远离中原汉族，在相对封闭的空间中，民族几经交叠与发展。早在旧石器时代，这片土地就留下了原始人类——安图人生活的足迹；东北各民族的始祖——肃慎人，于春秋时移居至牡丹江、绥芬河和图们江流域；另一大族系——沃沮，在东汉时分化为南北两支后，北沃沮创造了独具特色的文明，留下汪清百草沟遗址、东宁大城子遗址、团结遗址等文化遗存。公元前109年，汉武帝灭卫氏朝鲜，在沃沮地设立沧海郡、玄菟郡等，中原王朝的政治触角延伸到了这块边疆之地。肃慎族消失后，与肃慎族同源、隶属于通古斯族系的挹娄、勿吉、靺鞨、

本区位处边疆，有绥芬河、东宁、图们、珲春四个对外口岸（左图）。作为中国唯一的朝鲜族自治州，这里的朝鲜族人民能歌善舞，热情大方，其民俗活动中往往有集体舞蹈（右图）。

女真和满族等民族相继在此繁衍。除此之外，这片土地上还生活着另一个族系——秽貊族系，沃沮、夫余以及后来的朝鲜族都属于这一族系。7世纪末，粟末靺鞨人大祚荣建立起幅员辽阔的渤海国，延续了200多年。延边地区至今还保留着渤海国时期修建的古城遗址，它们见证了东北少数民族在强邻狭缝中生存发展的历史。此后，契丹、女真、蒙古族等少数民族先后成为统治者，最后源起于女真族的满族人留了下来。到了清末，边界之争迭起，1860年和俄国签订了《北京条约》后，中国失去了图们江出海口，位于中、朝、俄交界处的防川虽然"鸡鸣闻三国、犬吠惊三疆"，却只能遥望日本海，徒拥有"顺江出海航行权"。这里还是第二次世界大战的最后战场：1945年8月30日，日本关东军在其建立的东宁要塞投降，至此第二次世界大战才算真正结束。

清朝初年，发迹于此的满族人把这里看作其"祖地"而施行了近200年的封禁，但随着俄罗斯等周边国家的进犯，清王朝不得已默许了长久以来一直存在的汉族人越过"柳条边"进入本区开荒的行为，浩浩荡荡的"闯关东"大潮愈演愈烈；与此同时，部分朝鲜人从朝鲜半岛跨过图们江来此谋求生计，并渐渐发生了文化融合，成为中华民族的一部分，延边由此发展成中国最大的朝鲜族聚居地，也是中国现今唯一一个朝鲜族自治州。能歌善舞的朝鲜族为这片白山黑水增添了浓墨重彩的一笔——他们是延边地区最早种植水稻的民族，对东北地区影响深远的"水田文化"即源于此。长期的田间协作使朝鲜族富于组织意识，再加上他们对稻作农业的依赖，逐渐从生产劳动中催生出独特的民族活动：在稻作的各阶段、在各种节庆上，朝鲜族都会在地头田垄，集体载歌载舞、变换队形，十分赏心悦目；他们尊重传统，以敬老为荣，用丰富的筵席和礼物为父母的"花甲"庆贺；他们荡秋千、摔跤、拔河、跳板，用各种富于力量的传统运动来歌颂这片土地，答谢这片土地……

中国地理百科 CHINA GEOGRAPHY ENCYCLOPEDIA 一 自然地理

本区主要地理事物

分布示意图

❶ 天长山	⓴ 图们盆地	㉜ 亚东水库
❷ 老黑山	㉑ 凉水盆地	㉝ 鸟青山 自然保护区
❸ 白刀山	㉒ 帽儿山	
❹ 东宁盆地	㉓ 东大砬子	㉞ 仙峰 国家森林公园
❺ "洞庭"峡谷	㉔ 琵岩山	
❻ 杨旗山	㉕ 龙井盆地	㉟ 汪清 自然保护区
❼ 蛤蟆塘盆地	㉖ 药水洞矿泉	
❽ 汪清盆地	㉗ 福成沼泽	㊱ 天佛指山 自然保护区
❾ 罗子沟盆地	㉘ 明月湖	
❿ 春阳盆地	㉙ 军舰山	㊲ 珲春东北虎 自然保护区
⓫ 金仓河谷	㉚ 和龙盆地	
⓬ 天星湖	㉛ 仙景台花岗岩	
⓭ 头道沟西山		
⓮ 春化盆地		
⓯ 珲春平原		
⓰ 草帽顶子矿泉		
⓱ 敬信湿地		
⓲ 图们江口沙丘		
⓳ 中高岭		

北

◎ 地级行政单位
⊙ 区/县级行政单位
▲ 山峰

西高东低

被众多西南—东北走向的山脉所环绕的延边地区，山地面积广阔，整体地势西高东低，具体呈现为自西南、西北、东北三面向东南倾斜的特点。

延边东北部分布着太平岭、老松岭、大龙岭、盘岭等山脉，海拔800—1400米。在西北部，老爷岭、哈尔巴岭逶迤而来，形成海拔1000米左右的中山区。坐落在延边中南部的牡丹岭—南岗山为中山低山区，海拔在800—1500米之间。在山岭之间，分布着延吉—和龙丘陵盆谷区，但地势仍相对较高。中朝界河图们江在流淌过程中，地势逐渐降低，河谷也渐渐开阔。当下游流经珲春南部时，宽阔的珲春平原和低平的敬信盆地坐卧沿岸，成为延边地势最低的地方。位于敬信盆地最南端的防川海拔仅有5米，是吉林海拔最低之处；而坐落在和龙西部的甑峰岭主峰甑峰山海拔1676米，是延边地区最高点所在。

但是应该看到，延边的相对海拔高度并不明显，在山地与盆谷之间，有丘陵和台地作为缓冲地带。这种西高东低的地势，有利于来自日本海南部的暖湿气流进入内陆地区并形成降水，使得本区的降水量明显高于吉林其他地区。

山间盆地遍布

从整体而言，延边地区的地势呈现出山地、丘陵、盆地三个梯度。在哈尔巴岭、老爷岭、英额岭、南岗山、甑峰岭、盘岭等山岭之间，安图盆地、延吉盆地、龙井盆地、和龙盆地、汪清盆地、罗子沟盆地、图们盆地、凉水盆地、珲春盆地、敬信盆地、春化盆地等错落分布，从而构成延边地貌上的一个重要特点——山间盆地遍布。被群山或丘陵环绕的盆地，海拔25—500米不等，以图们江水系为主的众多河流是它们的生命之源，加上良好的光热等生态条件，这些盆地成为延边地区重要的农业

本区西部虽然山岭众多，但蜿蜒其中的图们江及其众多支流顺地势而下，造就了星罗棋布的山间盆地。

本区山岭与盆地之间过渡自然，两者高度的渐变消弭了地势间的差异，其中还形成如山间台地、丘陵盆谷及河谷平原等地貌。上图自上而下分别为：哈尔巴岭中山区的平缓台地、南岗山与哈尔巴岭之间的龙井中部丘陵盆谷，以及本区最大的河谷盆地——延吉盆地。

区和人口密集区。

自距今1.95亿年的中生代侏罗纪燕山运动以来，本区一直呈阶段性上升，造就山地的梯级地貌，河流的下切侵蚀作用又形成了多级阶地。在第四纪更新世时期，受新构造运动的影响，断裂活动和火山喷发频繁。而到了全新世，吉林东部的抬升运动整体不太明显，随着周围山岭的缓慢上升，延边地区的盆地开始间歇性下沉，发育良好。从山地发源的河流将四周山地上大量古老的花岗岩、片麻岩以及其他变质岩等陆相碎屑岩和沉积物冲刷到盆地内部，使盆地底部堆积了包括古、新近纪砂岩、页岩、砾岩等在内的地表物质。从山地到盆地，地势逐渐低缓，岩层则由老变新。随着缓慢的抬升作用的影响，盆地内部有些地方被切割成台地，形成沟岭相间或者平整台地的地貌。

根据发育规模的大小，这些盆地可以分成三类：位于南岗山与哈尔巴岭之间的延吉盆地和龙井盆地面积较大，是形成于断裂带的断陷盆地；坐落在老松岭和太平岭之间的罗子沟盆地、珲春河沿岸的珲春盆地以及布尔哈通河谷盆地、海兰河盆地等，尽管在地质构造

上属于中生代断陷盆地，但是河流影响非常明显，可以将其归属于河谷盆地；而受延吉—珲春断裂带控制的图们盆地、凉水盆地、密江盆地和敬信盆地等属于小型断陷盆地，沿着图们江呈串珠状分布。

哈尔巴岭中山区

呈北东向伸展的哈尔巴岭，绵延于敦化北部、汪清西部、安图北部、延吉西部、龙井北部境内，与其支脉一起构成以中山为主的地貌类型，形成哈尔巴岭中山区。与这片区域南部相邻的是长白山火山活动形成的熔岩台地区，这种顶部较为平缓的台地在哈尔巴岭中部亦可见，海拔在800—1000米之间。

中山地一般分布在台地周围，包括汪清的一撮毛山（海拔1001米）、延吉的东大砬子（海拔901米）、安图的东大顶子（海拔952米）等。海拔1000米左右的山体切割强烈，地势陡峭。除中山外，台地的西部和西南部还分布有少量低山，主要是在敦化和安图境内。在中山外围，坐落着一些盆地，比较大的有敦化盆地和安图盆地，较小的有蛤蟆塘盆地等。除了布尔哈通河及其上游支流

在此发源，这里还发育有沼泽湿地，如安图亮兵台和福成屯一带的苔草沼泽。

牡丹岭—南岗山中山低山区

牡丹岭东段坐落在本区安图中北部，向东延伸至和龙、龙井北部边界，平均海拔1000米左右，以中山为主；南岗山则坐落在和龙、龙井东部，呈近北东和北北东走向，北段以低山为主，南段以中山为主；英额岭和甑峰岭位于牡丹岭和南岗山中间，也多为中山。从牡丹岭东段到南岗山一线，斜穿安图中北部、和龙西南部和龙井南部，呈现出以中山为主、低山少量分布的地貌，即牡丹岭—南岗山中山低山区。

该区域内的中山山体海拔在800—1500米之间，切割较深，山岭与山岭之间有相对高度在500米以上的峡谷。和龙西南部在新生代有大量玄武岩喷发，形成山体高大的玄武

牡丹岭—南岗山中山低山区示意图

岩中山，海拔可达1000—1500米，这些山体山顶平坦，形如方台。中山山体陡峻、森林茂盛，是延边地区主要的林业基地。古洞河、二道河、海兰河、红旗河等河流从这里发源，上游河谷较为狭窄，河流两侧有3—5米厚的沉积物，并呈现多级阶地。不同阶地之间的相对高度有所差异，第三级阶地因接近中低山，多呈岗丘状，相对高度比第一级阶地高出五六十米。

延吉—和龙丘陵盆谷区

本区地貌上一个重要特点是盆谷山岭相间，一系列东北—西南走向的山脉之间镶嵌着许多山间沉积盆地，延吉、和龙一带就是典型的丘陵盆谷区。这一丘陵盆谷区的范围包括延吉中南部、龙井中部与和龙东北部，有延吉—朝阳川盆地、和龙盆地和龙井盆地等，布尔哈通河与海兰河流贯其中。这些盆地是中生代以来形成的断陷盆地，盆谷底部由白垩纪和古、新近纪砂砾岩组成。

布尔哈通河、海兰河等河流从地势相对高耸的山地流入平坦的盆地内，河水流速渐缓，大量沉积物在沿岸堆积起来，形成较为宽阔的河谷平原，平原外缘则是河流阶地。区内漫滩宽1000—3000米，第一级河流阶地呈块状分布，而更高一级的阶地则被侵蚀成梁状。平原地带由于水源充足、土壤肥沃，多被开辟为水田，种植水稻。盆地周围是顶部平整的低矮丘陵，是盆地与山地的过渡地带，海拔400—500米。有的地方覆盖有玄武岩，成为熔岩丘陵。丘陵地势低缓、坡面开阔，是重要的旱作农业和果园用地。

高岭—盘岭中山低山区

汪清东南部，东西走向的高岭与近南北走向的老松岭南端相交；珲春东北部，盘岭和大龙岭东西绵亘，将绥芬河水系与珲春河水系分隔开来。这片以高岭、盘岭为中心的区域呈现出以中山和低山为主的地貌类型，东部的南北两侧还形成多个小型山间断陷盆地。

高岭和盘岭作为该区域的核心地段，是海拔为800—1400米的中山区，由于剥蚀作用，分布有面积较广的夷平面，海拔大多在850—1100米之间。大龙岭东段以低山为主，区内众多河流的河谷两侧低山广泛分布，受流水切割较为厉害。大汪清河、大绥芬河、珲春河等从此发源，冲蚀而成的狭窄河谷呈"V"字形，宽度不足百米，山顶与水

珲春北部以高岭、盘岭为中心，呈现出以中、低山为主的地貌。

面相对高度为200—400米。进入汪清罗子沟盆地和珲春春化盆地内，河谷陡然变宽，超过500米，甚至1000米。沿岸的河漫滩发育有沼泽湿地，河谷内大多有3—4级阶地。丘陵在该区域内分布较少，盆地与山地之间的相对高度为400—700米。区内森林覆盖率高，原始植被丰富，是延边重要的林业基地。

嘎呀河低山窄谷区

从汪清西部发源的嘎呀河是图们江最大的支流，由北向南流淌过程中，与低山为伴，并在汪清中部和图们西部形成了一个低山窄谷区。低山和狭窄的河谷平原构成了该区域最主要的地貌类型。低山位于嘎呀河谷两岸，海拔大多为300—500米，坡度较陡，北部与哈尔巴岭相连，处于河流中游的东部一带则与高岭、老松岭西端毗邻，整个地势由北向南倾斜，并由两侧斜向河谷。由于该区位于沿百草沟—汪清—金仓—小西南岔东西向深大断裂呈带状展布的大型火山岩带的西部，北西向的汪清磨盘山—大兴沟火山岩带、南北向的西大坡—汪清夹皮沟等小型火山岩带也通过这里，因

夷平面 地质作用剧烈时，地表会形成一定的起伏，而当地质运动减缓，地壳稳定时，外力则对起伏不平的地表进行剥蚀（侵蚀、风蚀、溶蚀、浪蚀）和堆积，将高山削低、深谷填平，使地面趋于平坦，这个过程就称为夷平作用，而形成的平面就是夷平面。夷平面标志着一个地区的构造长期稳定，地貌发育成熟。但是夷平面被抬升后会成为残留在山顶或山坡的古夷平面。如图中图们盆地的山岭，其山顶几成一直线，可以推测为夷平面遭受二度侵蚀而形成的。相应地，夷平面下沉后则成为埋于地下的古夷平面。

嘎呀河低山窄谷区的熔岩低山地貌。

此低山周围发育有由新近纪至第四纪初喷发的玄武岩形成的熔岩台地。台地经流水切割多变成熔岩低山或方山，海拔为550—780米。

嘎呀河及其支流大汪清河、牡丹川、前河、后河、春阳河等溯源侵蚀强烈，因此上游河谷多呈狭窄的"V"字形，随着地势的倾斜，中下游河谷渐渐形成相对较宽的U形谷。

当河水流经坐落在嘎呀河及其支流上的众多小型断陷盆地（如春阳盆地、汪清盆地、百草沟盆地、蛤蟆塘盆地、天桥岭盆地等）时，在地势相对平坦的盆地内形成狭窄的河谷平原。河谷平原两侧发育有多级阶地，相对高度数十米。河谷平原和山间盆地是重要的农业基地，而低山周围的森林植被覆盖率高，是重要的林区。

珲春—图们丘陵盆谷区

位于珲春河、图们江下游流域的珲春—图们丘陵盆谷区，是延边地区地势最低的区域，包括珲春南部和图们东部临江地带。其中，珲春敬信南端的防川一带，海拔仅5米，是吉林海拔最低点。受延吉—珲春断裂带控制的影响，沿图们江分布着众多小型断陷盆地，如图们盆地、凉水盆地、密江盆地、敬信盆地等。盆地与盆地之间有低缓的丘陵相连，丘陵海拔大多在250—300米之间。盆地内部地势平坦，是居民聚集区和农业区。图们江、珲春河、密江河等大河流的下游都流经本区，发育有河谷平原和河流阶地；特别是由图们江和珲春河共同作用影响形成的珲春平原，是区内面积最大的河谷平原。

由于地势相对平坦，河流沿岸河漫滩发育，高出河面不到5米。在漫长的岁月里，河流共侵蚀塑造了四级阶地：第一级阶地横向延展8000米左右，沉积物厚度一般都小于10米；第二级阶地不如第一级阶地宽阔，狭窄且零散，高出第一级阶地不到20米；第三级阶地和第四级阶地的相对高度要突出许多，比河面分别要高出70米和100米左右，而且多被切割成梁状。

区内河湖较多，一些盆地内出现有大量湿地和沼泽，在敬信盆地内表现尤为明显。该区距离海洋最近，是从日本海吹来的东南风进入内陆地区的必经地带，降水量明显多于延边其他地区。特别是在8月台风最多的时节，暴雨频繁，珲春成为吉林暴雨最多的地方。丰富的降水、半湿润季风性气候、肥沃的土壤……这些良好的自然条件，使珲春—图们丘陵盆谷区成为吉林重要的农业区。尽管此处水源充足，森林覆盖率也较高，但图们江下游沿岸仍有不少地方形成风积沙丘，如图们的新基沙丘和珲春的九沙坪—防川沙丘。

延吉盆地

延边地区分布着大小不等的众多盆地，其中坐落在布尔哈通河和海兰河之间的河谷盆地——延吉盆地是本区面积最大的盆地。盆地东西延伸近40千米，南北宽35千米，略呈方形，又可分为延吉—朝阳川盆地和龙井盆地两个部分，包括延吉和龙井大部分地区，面积980平方千米。

在大地构造上隶属延边海西褶皱系的延吉盆地，是一个受延吉—珲春断裂带控制而成的中生代地堑盆地，内部有巨大的白垩纪陆相碎屑岩沉积地层。盆地海拔155—250米，周围是一系列海拔600—800米不等的低山，包括西面的英额岭，东面的南岗山，多为花岗岩构造。盆地北面局部地区有古、新近纪玄武岩，那里排列着磨盘山、平峰山等由玄武岩构成的平顶山。

新生代古、新近纪以来，延吉盆地内部形成了多级河流阶地和侵蚀剥蚀台地。纵贯延吉—朝阳川盆地的布尔哈通河，接纳

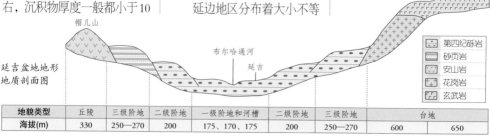

延吉盆地地形地质剖面图

地貌类型	丘陵	三级阶地	二级阶地	一级阶地和河槽	二级阶地	三级阶地	台地	
海拔(m)	330	250—270	200	175、170、175	200	250—270	600	650

图例：第四纪砾岩、砂页岩、安山岩、花岗岩、玄武岩

了朝阳河、烟集河等支流，在河流沿岸形成了宽达3000米的河谷平原。延吉—朝阳川盆地在和龙边界附近突然变窄，与一片宽10—30千米的丘陵台地相遇，该台地将其与龙井盆地分隔开。这块海拔300余米的台地主要由白垩纪红色砂砾岩组成，因曾经受沟谷切割侵蚀而呈梁状。位于台地以南的龙井盆地海拔从330米降到200米，有海兰河纵贯，纳长仁河、二道河等支流。海兰河沿岸的河谷平原宽3000—5000米，与布尔哈通河河谷平原一样，自流灌溉条件好，是重要的水稻种植区；而位于两个盆地之间的丘陵台地区，树木稀少，多为旱田和果园。

延边山字型构造

在地质学上，山字型构造是属于扭动构造体系的一种特殊构造形式，主要由弧形褶皱带或挤压带、在弧形构造带凹侧中间部分出现的直线形褶皱带或挤压带以及它们所夹的地块共同组成，因其平面轮廓与希腊字母"ε"相似，也与中文"山"字形象接近，故得名山字型构造。中国已确定的山字型构造有20多个，其中延边山字型构造主体就位于延边境内。

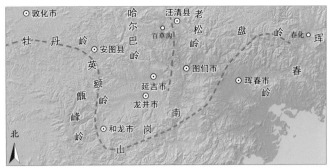

延边山字型构造示意图

延边山字型构造的规模较大，形成于海西期晚期，至燕山晚期进一步完善。该构造的前弧向南凸出，由古生代和中生代地层及侵入岩体中的褶皱和压性、压扭性断裂构成，并伴有张性断裂和扭性断裂。前弧中部称为弧顶，弧顶朝南，位于延吉南部边界。前弧内侧中间地带的若干直线形挤压带称为脊柱，位于汪清百草沟至延吉一带。前弧向两侧延展构成东西两翼，前弧东翼从延吉南部向东经过朝鲜延伸至珲春中部；前弧西翼则位于安图与和龙北部，并向西北延伸。当前弧两翼几项延展且呈反方向弯曲时，就构成了反射弧，可分为东翼反射弧和西翼反射弧。反射弧有时会有反射弧脊柱出现，延边山字型构造的反射弧就有脊柱。东翼反射弧及反射弧脊柱在珲春春化盆地附近，而西翼反射弧及反射弧脊柱则在敦化南部。

延边地区有众多海西期构造旋回的褶皱和燕山期构造旋回的褶皱，前者包括明月—庙岭褶皱（从安图明月向北东过龙井和延吉北部，延伸至汪清境内）、山秀岭倒转背斜（龙井）、密江村—马滴达复式褶皱（珲春），在地貌上多表现为中低山；后者的褶皱主要表现为盆地地貌，如延吉盆地、罗子沟盆地、汪清盆地、图们盆地、和龙盆地等。

延边造山带

所谓造山带，是指一定构造旋回时期的大型长条带状活动带，经历先下沉后上升的构造运动，并在强烈构造变形或岩浆活动过程中，最后由强烈隆起的造山运动所形成的大地构造单元。

地槽学说认为，造山带是板块碰撞的直接产物，延边造山带就是兴凯地块与龙岗—狼林地块之间的碰撞造山带。兴凯地块是敦化—密山断裂、吉林—图们海西造山带和锡霍特—阿林燕山造山带之间的近三角形地区，位于敦化—密山断裂以南，以俄罗斯兴凯湖命名；龙岗—狼林地块的范围则是从吉林南部、辽宁北部向东延伸至朝鲜北部。二叠纪时，地处兴凯地块南缘的延边地区形成以沉积为主的地层。印支晚期到燕山期，两个地块发生碰撞，地块对接地带发生隆起，延边造山带形成。它的主要范围在安图古洞河及汪清—密江断裂之间，属突厥型造山带，以海沟不断向大洋后撤和岩浆作用不断向增生杂岩推进为特点，因此延边地区很多地方都可以找到增生杂岩。

春阳—汪清—珲春断裂

延边地区有3条岩石圈断裂，春阳—汪清—珲春断裂即是其中一条。该断裂带主要分布在汪清境内的春阳、蛤蟆塘、大兴沟、县城、西大坡、白岩等地及珲春一带，东西长150千米、宽2—4千米，是一条西北向断裂带。在老断层继承性活动基础上形成的春阳—汪清—珲春断裂带，地质史上曾经历过多次活动：首先是海西构造旋回和印支构造旋回的塑性变形，而后是在中生代形成左行滑动的扭性或压扭性断层，最后是在新生代形成张性或张扭性断层。断裂带南段海西期花岗闪长岩普遍发育片麻理化；中段控制着侏罗纪—白垩纪火山岩呈线性状分布。在北段汪清天桥岭一带，断裂带出现右行滑动，即断层东北盘相对南西盘发生顺时针错动，使北东走向的二叠系和三叠系出现2000—3000米的移位。

春阳—汪清—珲春断裂带有1条塑性变形带和24条北西向断层，典型的断裂有蛤蟆塘红星屯复活断层、汪清转角楼活动断层、汪清北砖厂活动

断层等。断裂带西北段有约5000米长的连续断层崖，中段为直线形宽阔的现代河道，东南段表现为北西走向的山体及现代河道的肘状弯曲。在太平洋板块俯冲作用的影响下，该断裂容易引发深源地震，1902年7月3日，汪清发生6.6级地震，即与该断裂带的活动有密切关系。

太平岭南段

从黑龙江鸡西往南至汪清北部地区，绵延着一座南北长约180千米、东西宽约30千米的山脉——太平岭，又叫穆棱窝集岭。太平岭东与俄罗斯接壤，南端与老松岭相连。其

老爷岭东侧的太平岭南段山体由花岗岩及变质岩构成，因剥蚀侵蚀严重而变得陡峭（左图）；其西侧的哈尔巴岭则

南段部分就坐落在本区的绥芬河、东宁与汪清境内，其中在汪清北部呈近北东向延展35千米。

相较于太平岭北段为海拔500米以下的侵蚀剥蚀丘陵为主的地貌，太平岭南段地势较为险峻，以侵蚀剥蚀低山地貌为主，海拔在500—1000米之间，相对高度300—500米。南段山体的岩石主要由海西期花岗岩以及部分古元古代变质岩构成，局部地方为中生代侏罗纪火山岩。锯齿状的山脊往东北方向延伸，至穆棱、鸡西一带变成浑圆。三合顶子（海拔1036米）、大朋山（海拔1012米）、荒西林山（海拔846米）、南天门（海拔844米）等山峰高耸，是太平岭南段主要的高峰。小绥芬河从东宁境内太平岭发源往南流，与大绥芬河汇合；穆棱河谷毗邻太平岭西侧，穆棱河水系与绥芬河水系被太平岭分隔开来。太平岭北段水

土流失严重，覆盖有较厚的煤层，而南段则原始森林茂密，属长白山植物区系。

哈尔巴岭

呈北东—南西走向的哈尔巴岭，东与老爷岭相邻，南与安图明月附近的牡丹岭相接，往北经汪清、敦化，延伸至宁安境内的镜泊湖。它位于敦化—密山岩石圈断裂东侧，这条断裂带控制了该地区中、新生代的沉积和火山喷发活动，因此，哈尔巴岭山体岩石也多为古、新近纪玄武岩和燕山期、海西期花岗岩，山体也多为火山活动后形成的由玄武岩组成的熔岩方山。

哈尔巴岭以中山、低山为主，海拔800—1200米。哈尔巴峰（海拔1054.5米）、烟筒砬子（海拔1022米）、北大顶子（海拔952.4米）等峰是其主要山峰。以熔岩方山为主的山体使得山顶地势平缓，或成浑圆状。

它是牡丹江上游与布尔哈通河的分水岭，山岭相对高差达700米，其间河谷、沼泽遍布，以桦树、杨树、柞树为主的温带阔叶林遍布山体。

英额岭

坐落在安图、龙井、和龙交界处的英额岭，是长白山系支脉之一，"英额"亦作"英峨"或"英爱"，在满语中是"野葡萄"之意。其西起荒沟岭隘口，与牡丹岭相接，东至龙井龙门附近，由天宝山向南连甑峰岭。呈近北西走向的山势东西绵延40千米、宽30千米。

英额岭是由海西期构造旋回褶皱所形成的褶皱断块山，受到北西向断裂带控制。其山体由海西期、燕山期花岗岩以及早古生代变质岩组成，地貌以绵延起伏的中山、低山为主，海拔约为1000米，相对高度700米左右，其中主峰是海拔

由火山活动形成，山体土壤的有机质含量高，温带阔叶林生长十分茂盛（右图）。

本区西南部山地面积广阔，英额岭、南岗山、甑峰岭等高大山岭均坐落于此，其中英额岭相对高差可达700米，与旁边的缓丘相比显得高耸突兀（上图），甑峰岭为熔岩方山地貌，岭脊相对平坦（下图）。

1190米的英额峰。其间，海兰河从东麓发源，古洞河从山岭西侧向北流淌而后转向西南，布尔哈通河则经山岭北端向东流淌，英额岭也就成为布尔哈通河、海兰河与古洞河的分水岭。由于山深林密、气候适宜，英额岭的物产甚丰，自古就是东北重要的野山参产地，清代曾遭到长时间的封禁。

南岗山

在图们江左岸，和龙与龙井东部，有一条南北延伸长约130千米、宽为15—25千米的山脉，其北至图们布尔哈通河下游的磨盘山，南抵红旗河下游左岸的连岩峰，并与甑峰岭相连，这就是南岗山。绵延百里的南岗山上，耸立着多座海拔超过千米的山峰，如作板岭（海拔1344米）、天佛指山（海拔1266米）、沙松顶子（海拔1256米）等，还镶嵌着一些狭窄的山间河谷。

南岗山呈近北东向的山体，以海西期和燕山期花岗岩为主，间有二叠纪变质岩，其南北两端属于不同的地质构造。北段属延边海西褶皱系，地貌以海拔700米以下的低山为主，相对高度在500米左右。因受断裂构造控制影响，龙井北部的朝阳川至图们江沿岸的开山屯一线地势低缓，多丘陵台地。从北往南，南岗山地势逐渐升高。南段地貌以中山为主，属华北地台辽东台隆的东北缘，海拔多在800—1200米之间。其南端靠近甑峰岭附近的地质构造运动抬升作用尤其明显，地势较高且险。

南岗山南段毗邻长白山地，森林茂密，覆盖着以原始针阔叶混交林为主的植被。南岗山北段植被景观与南段有所差异，由于北段靠近人口稠密的布尔哈通河谷，山地侵蚀明显，森林稀疏，植被覆盖率较低，其中多为次生杂木林。南岗山盛产木耳、松子、蜂蜜、黄芪等，烤烟、果树等经济物种在此生长旺盛，还蕴藏着铁、金、铜、钼等金属矿产。

甑峰岭

南北长百余千米，东西宽30—40千米的甑峰岭，横跨在和龙与安图之间，其南接长白山余脉长山岭，北抵牡丹岭、英额岭，向东过红旗河接南岗山脉，西邻长白山熔岩台地，是延边地区一座呈南北走向的重要山脉。其海拔高度大都在1200—1400米之间，最高峰是坐落在和龙富兴境内、海拔为1676米的甑峰山（俗称枕头峰），它是甑峰岭的主体山岳，此外还有仙峰山（海拔1571米）、老爷岭（海拔1457米）、睡佛山（海拔1415米）、长虹岭（海拔1398米）等高峰，它们共同构筑了和龙的最高地势。甑峰岭是海兰河上游、红旗河与二道河上游的分水岭，山上森林茂密，针阔叶混交林遍布，南段阔叶林面积相对较广。

甑峰岭在地质构造上属华北地台东北端，新生代以来，这里地质构造运动和火山活动都很活跃，有大量玄武岩溢出，因此山体也主要是由玄武岩构成，这在山脉北段表现尤为明显。北段山体多为方山，有轻微切割，覆盖有大片玄武岩的山顶平坦开阔，上面生长着纯针叶林。而南段与北段不同，山体岩石以海西期和燕山期花岗岩为多，山顶浑圆，山岭走向相对有些紊乱，山间河谷也多被晚期熔岩充填。

大龙岭

与俄罗斯接壤的大龙岭，坐落在珲春北部、汪清东部和东宁南部，是珲春河上游与绥芬河水系的分水岭，从杜荒子河源头向东延伸至中俄边界的瑚布图河源头，北东向延伸75千米长、南北宽20—30千米。

地质构造上，大龙岭属延边海西褶皱系，受敦化—杜荒子断裂带东段、四道沟—春化断裂带等构造控制，出露有海西期花岗岩、二叠纪变质岩和侏罗纪火山岩，它们构成了山体的主要部分。大龙岭的西段和中段以低山为主，山顶浑圆，海拔高度在700—1000米之间，相对高度为400—700米。大龙岭东段由于四道沟—春化断裂带活动时喷溢出大量玄武岩浆，加上间歇性的上升运动，形成了大片玄武岩平顶山和玄武岩台地，海拔800米左右。珲春河上游流经山岭南侧，河水从熔岩台地上漫流深切，形成深达300多米的熔岩峡谷。西段和中段以低山为主，山顶浑圆，海拔高度在700—1000米之间，相对高度为400—700米，其中就有海拔1141米的主峰大龙峰。

虽然有轻微的侵蚀，但大龙岭的森林覆盖率仍达到了70%左右。在这片原始的针阔叶混交林中，有东北虎和远东豹出没，但是数量极为稀少。这里还有多处矿床，蕴藏着丰富的金、铜等有色金属资源。

圆池火山群

在长白山火山锥体、熔岩

圆池湖水清浅，周围生长着茂盛的灌木丛和苔藓类植物，外围则是落叶松林。

火山渣锥 又称碎屑锥，是由没有熔岩流但含大量气体的火山爆发所形成的。火山爆发时，内部巨大的压力使地下已经冷凝或半冷凝的固体岩浆物质被炸碎，并随着挥发性气体从火山通道喷上高空，爆炸同时将尚未冷凝的液体熔岩粉碎为小滴剂，在空中迅速冷凝，落下时已成为固体的火山弹、火山渣和火山灰。所有这些碎屑物会因体积的不同而分别落在火山爆发口周围的不同位置，体积越大距离越近，从而形成一个近乎完美的锥形。由于碎屑是从火山口向外喷射扩散的，形成的火山锥顶部通常是下凹的，容易形成湖泊——圆池火山的湖泊即由此形成。

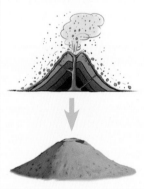

高原和熔岩台地上，分布着200多个寄生火山体，其中有40多个矗立在延边境内，形成四处分布带：圆池火山群、老房子火山群、长白山北麓火山群和双目—胭脂火山群。在图们江源头、安图与和龙交界处的圆池火山群由10个小火山口火山组成，沿着北东、北西和南北三组方向排列成群。圆池火山群的山体多为圆锥形火山渣锥（火山口周围由火山喷出物堆积而成的山丘，高度一般低于170米），底部直径大多在1000米左右，多呈圆形或椭圆形。

在这些火山遗迹中，最著名的当数圆池。这是一个火山口积水形成的湖泊，坐落在海拔1200米的长白山北坡的倾斜高原上，所在的火山锥体的底部直径为700米，周围岩层由凝灰岩、集块岩、碱性粗石岩以及玄武岩等构成。水面海拔达1270米，水面直径180米，面积约4万平方米。因"池深而圆，形如荷盖"而得名"圆池"。历史上，人们将它称作"布勒瑚里"，在满语中是"龙驹"之意。此外，它还有一个非常具有诗意的名字——天女浴躬池。这个火山湖不像长白山天池那样有溢口，可以形成壮观的长白山瀑布，也没有外来水流注入，但这里降水量可观，地下水泉涌如注，因此湖水终年充盈。受大陆性季风山地气候的影响，圆池冬季漫长寒冷，夏季短暂却暖湿，湖水清浅，周围生长着茂盛的灌木丛和苔藓类植物，外围则是落叶松林。

绥芬河水系

绥芬河，唐代称率宾水，后来又有恤品、苏滨、速频等名称，直到清朝才开始称绥芬河。这些名称在满语中均为"锥子"之意。横跨中俄两国的国际河流绥芬河及其沿途汇集了老母猪河、黄泥河、大肚川河、石头河、罗子沟河、细鳞河、小通沟、黄金河等160多条大小河流，流淌在面积约1万平方千米的土地上，共同构成了绥芬河水系，成为本区重要的水系之一。考古表明，早在旧石器时代，绥芬河流域就有人类居住。

由大、小绥芬河组成的绥

芬河干流全长443千米，中上游位于汪清、东宁境内，流长258千米，其中东宁境内流长160千米，流域面积为7500平方千米。南源大绥芬河发源于珲春与汪清交界的海拔1477.4米的老爷岭，向北经汪清复兴、罗子沟流入东宁西南部的黄泥河、道河境内。北源小绥芬河发源于东宁北部海拔780米的神洞山，流经东宁西北部的绥阳、原细林河、金厂、道河等地，两条河流在道河小地营村下游2500米处汇合而成绥芬河。大、小绥芬河汇聚后向东流经洞庭峡谷后进入东宁平原区，在三岔口新立村出境流入俄罗斯双河子，再向东

在海参崴注入日本海的阿穆尔湾。

地处温带季风气候区的绥芬河流域夏季暖湿多雨，6—9月的降水量占全年的80%，年平均降水量为500毫米。再加上春季冰雪融化，春季和夏秋之际就成为绥芬河流域的汛期。绥芬河流域南、北、西三面均为高山，沿岸森林茂密，水流急促，落差大，有着丰富的水能资源。河中繁衍有极具特色的滩头鱼、大马哈鱼、鳍目鱼等鱼类。

图们江水系

图们江是一条位于中、朝、俄三国边境上的界河，从长白山主峰东麓发源，流经安图、和龙、龙井、图们、珲春，在珲春敬信防川进入朝俄边境，而后流入日本海。在满语中图们江被称为"图们色禽"，意即万江之源。图们江全长525千米，其中沿中朝边境段长510千米，自防川以下的15千米为朝俄边境。图们江在中

绥芬河、图们江是本区两大水系（图④为两大水系流域示意图）。丰富的水量孕育出绥芬河流域群山之间的富庶谷地（图③）；图们江集水众多（图①），但在旱季，河床上有大片河漫滩出露（图②）。

国境内流域面积约为2.3万平方千米，沿途纳红旗河、嘎呀河、布尔哈通河、海兰河、密江河、珲春河等254条大小支流，其中流域面积超过1000平方千米的有7条，500—1000平方千米的有8条，它们共同构成了本区最大的水系——图们江水系。

图们江的源流由多条河流溪水汇聚而成，包括红土水、弱流河、石乙水、树林河、红丹水、小红丹水等，其中发源于长白山东南侧朝鲜黄沙岭的红丹水是图们江的正源。自红丹水汇入处至和龙南坪河段，为图们江上游，江水在玄武岩深切峡谷中流淌，在"V"字形或"凹"字形河床上奔涌，沿岸植被茂盛。江水一路向北东流淌至珲春甩湾子，中游241千米长的河道蜿蜒曲折，但在龙井三合、开山屯，图们月晴一带，河谷开阔，河道较直，形成山间盆地。此处河段尽管森林覆盖率也较高，但山坡和河漫滩被开辟为耕地，水土流失严重。从珲春甩湾子以下至入海口为图们江下游，江水从地势平缓的珲春河谷平原旁边流过，河流中点缀着众多沙洲和江心岛，河床冲淤严重。

临近日本海的图们江流域不仅具有温带季风气候的特点，同时具有从大陆性气候向海洋性气候过渡的特征。其冬季气温比相邻内陆地区偏高，夏季气温则相对偏低。受台风影响，图们江流域降水量最丰富的是8月，其中珲春更是吉林东部暴雨发生最多的地区。

嘎呀河流经天桥岭后因地势平缓而流速变慢，河谷渐渐开阔，自上游挟带而来的冲积物慢慢沉积，在河道两旁形成沙洲。

嘎呀河

作为图们江最大的支流，嘎呀河在金代被称为潺蠢水，清代又有嘎哈哩河、十三道嘎雅河等称呼。它有两个源头：东源从汪清老松岭峰秃老婆顶子南麓流出，向西南流经天桥岭境内的响水河子、太阳、东新、团结、青松等村。西源出自老爷岭山脉三长山的西麓，自春阳向南流经幸福屯、石城、大兴、中大肚川、下大肚

川，在天桥岭天桥村附近与东源汇合。而后，嘎呀河向南贯穿汪清中部，流经天桥岭、大兴沟、汪清县城，在百草沟泗水村进入图们境内，在图们东北的向阳村汇入图们江。

嘎呀河干流全长206千米，在约1.35万平方千米的流域面积内接纳有大汪清河、布尔哈通河、响水河、筒子沟、桦皮甸子河、春阳河、鸡冠河、后河、前河、牡丹川等支流。天桥岭以上，嘎呀河在高山峡谷中撞击冲刷，沿岸森林茂密。自天桥岭往下，嘎呀河谷渐渐开阔，河宽在500—1000米之间，特别是在汪清百草沟一带形成河谷盆地，江中出现很多沙洲和江心岛。嘎呀河沿岸的闹枝、三道沟等地位于汪清最南端，是著名的金矿点，金矿资源丰富。因为有嘎

呀河水的灌溉，三道沟一带种满了苹果梨树。

布尔哈通河

布尔哈通河是延边境内最长的河流，干流长172千米，流域面积7056平方千米，沿途纳有长兴河、倒木沟河、朝阳河、烟集河、海兰河、依兰河等40多条大小支流。它们贯穿延边中部，构筑了本区最大的丘陵与河谷盆地交错的地貌。

发源于哈尔巴岭东麓沼泽地带的布尔哈通河，向东偏南，流经安图的亮兵、明月、石门，龙井的老头沟，延吉的朝阳川市区，在图们红光下嘎村流入嘎呀河，是图们江的二级支流。老头沟以上河段，布尔哈通河在连绵起伏的高山峡谷中穿行，河道弯曲，沿岸林木茂盛；但在明月一带，河谷变得开阔，形成河谷盆地。从老头沟以下，布尔哈通河流经低山丘陵区，在朝阳川进入延吉盆地。盆地内河道宽27—225米，水深不足2米，河流两岸是延边最大的水稻产区。

整个布尔哈通河流域处于大陆性半湿润和半干旱季风气候区，夏季受到日本海暖湿

河道蜿蜒的布尔哈通河上游河段。

气流的影响，雨热同期；但因其地处长白山背风坡，又受朝鲜北部咸镜山脉的阻隔，布尔哈通河流域的降水量相对而言比周围其他地区要少。尽管如此，该流域仍是延边自然条件较为优越的地区，开发历史也比较悠久。

海兰河流域

发源于和龙境内甑峰山东北麓的海兰河，是布尔哈通河最大的支流。145千米长的河道，有蜂蜜河、长仁河、福洞河、六道河、八道河等支流汇入，滋润着面积近3000平方千米的土地。

和龙地势由西南向东北逐渐倾斜，海兰河上游在山高林密的峡谷中奔涌，水面仅宽15米左右，水急且深，河床铺满了大砾石、卵石等石块。自和龙龙城富兴村以下，地势逐渐平缓，在海兰河及其支流的作用下形成了一大片连珠盆

地和河谷平原。其中在龙城一带形成的河谷盆地及在八家子以下的头道、东城等地形成的河谷平原，土质肥沃、水源充足，是和龙著名的水稻区，名品"海兰河大米"就出产于此。河水从和龙东城向东流入龙井境内，经过长达57千米的河段后，便转向北流进入延吉境内，在今延吉小营河龙村与布尔哈通河汇合。受海兰河水灌溉的东盛涌地势平坦，是龙井最大的水稻产区，也是苹果梨和香水梨的重要产区。

珲春河

作为图们江下游珲春境内最主要的支流，珲春河发源于海拔1400米的盘岭山脉北麓，奔流198千米后，在珲春三家子西崴子村注入图们江。珲春河发源于以低山和中山为主的山区，这一段水流湍急，流经杜荒子山谷地和大北城太平沟后，在春化土门子附近与珲春河的另一源头兰家躺子河交汇。汇口以下，河谷逐渐开阔，河水流速减缓，沿岸地势相对平坦，有沼泽生成。这里有很多像春化盆地一样的构造盆地，而且其受到褶皱带影响，盆地地势由西北

海兰河纳众多支流后，在下游地区冲刷—堆积出本区最为富饶美丽的河谷平原。这里土质肥沃，灌溉水源充足，是

苹果梨和香水梨的重要产区，还出产名品"海兰河大米"。

向东南倾斜。珲春河上游河段向东流，但到了太平川便转向西南，流经马滴达、三家子。珲春河流域南部为零散的低山和丘陵，珲春河就从其间穿过形成珲春河谷地，谷地地势平坦、土壤肥沃，形成珲春河平原。

珲春河流域面积近4000平方千米，沿途接纳了头道沟、二道沟、三道沟、四道沟、草帽顶子河等支流，呈树枝状展布。流域内土地肥沃，辟有大片水田和旱地，是珲春主要的产粮区。珲春河中上游蕴藏着丰富的沙金，清朝末年就开始了采金活动，一直方兴未艾。随之而来的是流域环境被严重破坏：由于中上游采金造成水土流失以及河水冲刷堤岸，珲春河下游河床沉积，形成多处浅滩，河床平均每年都要抬升7厘米，有变成"地上悬河"的趋势。

雨热同期，季风明显

延边地区位于亚洲大陆东端，地处北半球中纬度地区，北与俄罗斯接壤，东与朝鲜隔图们江相望，与日本海最近的距离只有15千米，是一个边疆近海

之地。它既受亚洲大陆和太平洋高、低气压季节变化的影响，又处于各种气团作用消长以及锋带季节移动的过渡带，本区的气候属于中温带湿润季风气候。这种气候的特点一般是：春季干旱多风，夏季温热多雨，秋季凉爽少雨，冬季干燥少雪；夏季多南风和东南风，冬季则多西北风和北风，季风现象明显。

受日本海影响，相比同纬度的其他地区，延边地区的冬天较为温暖，夏天也要凉爽一些，并且气温由东到西逐渐降低。7月，延边最高气温可达37℃；1月时气温可降至零下35℃。降水量的变化规律与气温变化规律相似。降水量大都集中在6—9月的汛期，占全年降水量的65%以上，特别是7月和8月，因台风过境，

常有暴雨。例如，与气温的变化一样，降水量也是由东部向西部内陆递减，越靠近大海降水量也就越多；不同的是，降水量会随着海拔的升高而有所增加，山地会多于河谷平原和丘陵区。

当来自太平洋的东南暖湿气流移动到日本海海域附近时，大量水汽沿着图们江流域进入内地。由于山脉走向的影响，迎风侧降水丰富，而背风侧雨影区降水明显减少。珲春东部与俄罗斯接壤地带的降水量是最丰富的，可达到700—850毫米，当然也是吉林发生暴雨最多的地方。继续向内陆腹地移动，延吉、龙井盆地一带降水量降至400—600毫米，但到了哈尔巴岭中山区，降水量又增加至600—750毫米。因地貌复杂，受其影响延边地区内部各地的小气候差异较大。

灰棕壤

在山地面积广布、地形复杂的延边地区，其土壤分布由山脚到山顶呈现垂直差异性。海拔300米以下的地方，覆盖着大量草甸或森林草甸，因此自然土壤以草甸土为主。同时，这片地带水系发达，河谷

本区年平均降水量示意图

灰棕壤（小图）含有丰富的腐殖质，是一种肥力较高、适宜耕作的温带地带性土壤。

盆地广布，是重要的农耕地带，种植有大片水稻，因此也分布有一定面积的水稻土。在海拔500米左右的地区，覆盖着原始的阔叶林和针阔叶混交林，土壤以暗棕壤和白浆土为主。海拔800米左右，森林植被为针阔叶混交林，主要的土壤为暗棕壤。海拔1100米以上，原始植被为针叶林，土壤则是棕色针叶林土。除此之外，延边地区还分布有灰化土、黑土、冲积土、沼泽土、风沙土等土壤类型。

这里提到的暗棕壤和棕色针叶林土，都可以归属到灰棕壤范畴内，因此灰棕壤是本区分布最广的山地森林土壤。哈尔巴岭、英额岭、南岗山、老爷岭、盘岭等山地和丘陵地区，都是灰棕壤的主要分布地区。其中，安图、汪清境内分布最广，其次是和龙、珲春和龙井。灰棕壤是温带地带性土壤，在具有冻层和冷湿气候条件下，含有丰富的腐殖质，但土层并不深厚，多含砾石，容易遭受流水侵蚀。不过，这种酸性土壤依然具有较高的肥力。

"哑巴灾"

在延边地区，由低温冷害造成农作物减产的幅度居各种灾害之首。因为这种灾害一般要到秋季收割后才能发现，所以有"哑巴灾"之称，当地俗语概括得更加形象："喜人的长势，愁人的收成。"所谓低温冷害，即指在农作物生育期间因温度过低、热量不足，而使农作物的生育期推迟，甚至发生生理障碍造成农作物减产。与霜冻灾不同，冷害发生的环境气温是0℃以上，而霜冻是在0℃或0℃以下。

中国东北地区、俄罗斯的远东地区、日本北海道和朝鲜北部等地区，被认为是世界著名的低温冷害区。延边境内山地、丘陵广布，东部濒临日本海，在农作物生长的5—9月，经常受到鄂霍次克海和日本海冷水域冷气流的影响而出现低温情况，生育期内热量条件远远不足，从而成为中国低温冷害的重灾区。这种灾害可以分成延迟型、障碍型和混合型三类。延迟型冷害是指农作物生育期间出现长时间的连续低温而致使发育期推迟，秋霜出现前还未成熟，这种冷害在延边地区分布较广。障碍型冷害是指农作物生长的温度敏感期出现强烈降温天气，正常发育受阻从而导致结实率降低，以致减产，该种冷害尤其对水稻影响明显。距离日本海最近的珲春是障碍型冷害最为严重的地区。混合型冷害是指前两种冷害同时出现在同一农作物的生长季。低温冷害对延边农业的发展造成严重影响，平均3年延边地

延边地区水土流失严重，在林区的边缘，常可见这种因雨水冲刷而导致土壤流失、基岩出露的斜坡。

区就可能遭遇一次冷害，当年农作物产量可减产一半甚至更多。

水土流失严重

地处长白山脉绵延地带的延边地区，四周多为山岭，中部分布着众多河谷盆地，盆地与山岭之间则由广阔的低山丘陵连接。面积约占延边地区一半的低山丘陵，土壤肥沃，被大量开辟成坡耕地，种植有黄烟、麻、油料、药材以及果树等经济作物，是延边地区重要的农业用地。由于忽视自然的承受力，盲目扩大耕

地面积，许多不宜开垦的山地丘陵被开垦出来，耕作粗放，再加上森林被过度采伐，荒山荒地面积扩大，加剧了本地区本来就较为严重的水土流失现象。

延边坡耕地的坡度在5—10°之间的占44%，坡度为10—20°的占50%，这种地形使得降水来不及渗入土壤就流向低处，容易形成地表径流。低山丘陵区的土壤以灰棕壤为主，其母质为花岗岩的风化物，质地较粗，抗冲击性能弱。本区雨水多集中在6—8月，又多暴雨，山地水流速度快，灰棕壤

很容易被雨水冲刷掉，从而造成水土流失。同时，以畜力为主的耕地模式造成了耕作土壤层的蓄水深度浅，连年的耕种破坏了土壤的抗冲刷能力和有机质化，加剧了水土流失的程度。当然，近代人们对森林资源的破坏也是一个重大因素，20世纪三四十年代，日本侵占东北期间对东北森林曾加以巨大掠夺，森林植被急剧减少。

水土严重流失后的低山丘陵区，出现了大量侵蚀沟，肥沃的黑土层被雨水冲刷带走，许多坡耕地变得支离破碎，不得不弃耕。同时，黑

土层的流失使得土壤变成黄土，产生面蚀，土壤肥力明显降低。

深源地震

1902年7月3日，汪清北部蛤蟆塘一带发生6.6级深源地震；1917年7月31日，珲春发生7.5级深源地震，又于翌年4月10日发生7.2级深源地震；1940年7月10日，东宁发生7.3级深源地震；1973年9月29日，珲春发生7.7级深源地震；1999年4月8日，汪清发生7.0级深源地震，2002年6月29日又发生7.2级深源地震……

以上一连串的深源地震事件都发生在延边地区，其所在的东北地震区是中国唯一的深源地震区。深源地震是指震源深度超过300千米的地震，震源的动力来自板块内部的俯冲挤压，一般发生在环太平洋一带的深海沟附近。东北地震区东临日本海，南界为东西走向的富尔河—古洞河古缝合带，西界为北东走向的敦化—密山岩石圈断裂带，处在活动强烈的日本海楔形俯冲带北端，汪清、珲春、东宁等地正好处在这一地震区的东部。目前世界上已知的最深震源深度是720千米，本区深源地震震源深度一般为470—590千米，1999年珲春地震的震源深度是540千米。

本区处于亚欧大陆板块东缘，受太平洋板块的俯冲作用，中生代以来形成了一组北东和北北东向左旋断裂，包括1902年汪清地震所处的春阳—汪清—珲春北西向断裂。太平洋板块的继续俯冲与热效应影响，使得该处的断裂带及海盆作用逐渐加强。沿着俯冲板块，日本海盆不断扩张，后来形成了本区的深源地震。所幸的是，深源地震约占地震总数的4%，所释放的能量约占地震总释放能量的3%，一般不会造成灾害。

鹿窖岭

海拔888.1米的鹿窖岭，作为绥芬河市境的最高峰，坐落在绥芬河南境与东宁的交界处，与五花山、大尖山、庙岭共同构成了绥芬河建设乡境的山地地貌。鹿窖岭的得名，可以追溯至清末"闯关东"时期，当时关内汉民越过柳条边进入东北的绥芬河流域，其中一部分人在绥芬河支流寒葱河沿岸放山挖参、窖鹿采茸，鹿窖岭之名由此而来。

这座山岭是太平岭山脉的一部分，山岭中段的山腰部全是悬崖峭壁，东、南两坡则明显不同，东坡山势陡峭，南坡较为平缓。山中植被呈现出明显的上下分层现象，上层植被多为柞林和椴树，下层植被以桦树和灌木为主，适宜鹿、熊等众多野生动物生存。

天长山

在绥芬河阜宁，地处丘陵地带的两座山——天长山和地久山隔着北大河东西对峙而立。位于东边的天长山，海拔719.5米，它向西北延伸，与五

天长山、地久山地貌示意图

花山相接。山体主要出露侏罗系中一上统屯田营组上段，主要由中基性火山岩、火山碎屑岩、正常沉积岩构成。其中的火山碎屑岩中的碎屑，有一定的磨圆。从远处看，天长山上植被茂密。柞林是这里最重要的植被，山脚地区则以灌木和幼树林居多，由于水汽足，山中盛产蘑菇。

天长山东麓靠近中俄边界线，是天长山水库所在，周边形成湿地；西坡和东北坡则山势陡峭，北坡下还孤零零矗立着一座小团山子。伪满洲国时期，日本人曾在天长山修建军事要塞，该要塞与东宁要塞一起成为日本关东军对阵苏联军队的重要防线。

东宁境内的老黑山山体宽展，山岩表面覆盖有大面积玄武岩，如刀自北向

细鳞河

在满语中，细鳞河意为"拐子鱼"，清代又称协领河。它是小绥芬河的一条支流，发源于东宁西北部的道河西部，一路北流至绥阳细鳞河村附

近后折向东南，而后在绥阳河西村与小绥芬河交汇。细鳞河上游叫鸡冠砬子河，从太平岭东侧山麓流出后流入细鳞河村附近即称作细鳞河，细鳞也因河而得名。细鳞原本属于穆棱，后来被划归到东宁，合并到东宁绥阳。

细鳞河上游是太平岭山地，中游流经由高山、河谷和漫岗组成的高低起伏的山区，沿途纳有老沟河、九里地河与三道子河等支流。细鳞河流域面积达553平方千米，全长44千米的流程，落差达350米。细鳞河与寒葱河、金厂河、沙河子、二十八道河等，都是小绥芬河的重要支流。小绥芬河在绥阳河西村接纳细鳞河后，折向西南，流经金厂后转向南流，在道河龙

头山转向东流，蜿蜒曲流之后在小地营村与大绥芬河汇合。

老黑山

在东宁老黑山境内的老黑山村北部，耸立着一座被称为"老黑山"的山岭，它是老爷岭东延余脉，海拔798米。其山顶南侧有一处刀尖状的山峰，这也是老黑山得名的由来，因为"老黑"在满语中为"刀"之意。老黑山为切割低山，山体宽展，南坡陡坡较少而曲折。

老黑山位于南北向分布的东宁拗陷带南段，从山体南部往南至黑瞎子沟一带，覆盖有大面积的古、新近纪玄武岩，是东宁煤田的重要组成部分。现老黑山周围已被开发成煤矿区。老黑山森林资源丰富，为野生动物提供了栖息繁衍的场所。山上生长着以柞树、桦树、椴树等为主的天然阔叶林，以及以落叶松、红

细鳞河河道示意图

南横切东宁。

松、樟子松为主的人工林，其中北部的三棵桦树沟上密布松树和柞树。

白刀山

白刀山位于东宁大肚川，是一座呈西南—东北走向的山岭。山岭面积约200平方千米，长20千米、宽约10千米，是老爷岭山脉的一部分，属于长白山系。此山地势南高北低，北部山势陡峭，有海拔633米的山峰马营东山突起；南部的山体虽高，但地势相对平坦开阔，周围是一片漫岗。整座山体虽不高，但也险峻，当地俗语对此有描述："白刀山，金刚台，上得去，下不来。"山上原始森林茂盛，是赤松、落叶松、红松等珍贵树种的母树林分布地带，其中以赤松的数量最多。茂密的林子中，栖息有豹、熊、野猪等大量野生动物。因有森林的涵蕴，白刀山水资源丰富，为马营河的发源地，南三岔河、北三岔河、乌沙河等也在此处交汇。

从经济角度来说，白刀山是一座宝山，2亿年前的印支造山运动使得白刀山储藏有总量近200亿吨的大理石。这里的大理石品位极高，矿石中的碳酸钙含量达98%，而且豆青、纯黑、白、蓝等多种颜色，其中白色大理石占总量的75%以上。

通沟岭

海拔1102米的通沟岭，坐落在东宁中部的大、小绥芬河交汇处北侧，是东宁的最高峰。通沟在满语中有"深渊"之意，因山岭东侧有一处极深的大泡（即湖泊）而得名。呈东西走向的通沟岭属于太平岭支脉，位于东宁盆地西北侧，其与完达山余脉万鹿沟岭以及张三山、东大川等山岭相连，一同构成环绕东宁盆地的屏障。冬季抵挡住来自西伯利亚

寒冷地带的西北风，夏季则迎接来自日本海海面湿润的东南风，使东宁盆地形成冬温夏凉的"小江南"气候。

通沟岭山势陡峭，但在山顶处有一块面积为1.5平方千米的平缓台地，是由花岗岩侵入和大量玄武岩喷发而成的熔岩台地。山岭的岩层以片麻岩和千枚岩为主，资源丰富，生长着红松、落叶松、杨树、桦树和柞林，并蕴藏着金和蜡石等矿藏。

东宁盆地

东宁盆地，地处有"塞北江南"之称的东宁的腹地，北、西、南三面，被鹿沟岭、张三山、东大川及通沟岭包围，东界是与俄罗斯接壤的瑚布图河。盆地西部窄，东部宽，东宁、三岔口和大肚川三个乡镇坐落其中，面积约为65平方千米。

在地质构造上，东宁盆地属于东宁拗陷区的一部分，经历了中生代中期的沉降运动、新生代早期的上升运动、第四纪以来的地壳上升河谷下切运动，在地壳间歇性上升运动以及绥芬河的流水冲刷作用的共同影响下，盆地内部形成了由高、低漫滩组成的内迭

东宁盆地北、西、南三面被山岭环绕，挡住了北来的冷空气，使内部气温较周围地区要高。

式河谷结构。绥芬河从盆地西侧泻入，带来了大量泥沙，在盆地内冲刷堆积成东宁最大的河谷平原——东宁平原。综观整个东宁盆地，其地貌类型有低漫滩、高漫滩和冲洪积扇。地势平坦的低漫滩位于绥芬河两岸，海拔在89—115米之间，面积约为11平方千米。与低漫滩相连的则是海拔90—120米的高漫滩，其面积约为49千米，高、低漫滩之间的界限有时并不明显。面积只有5平方千米大小的冲洪积扇前缘直接与绥芬河呈陡坎状相接，地势平缓起伏，海拔在115—250米之间。

虽然东宁盆地地处温带大陆性季风气候区，但由于其三面环山，抵挡住了北来的寒冷气流，而东部又与日本海毗邻，内部气温要明显高于周围地区，是东宁平均气温最高的地区。盆地内热量充沛、水源充足，是东宁重要的水稻产区，亦是苹果、梨、李、杏等经济作物产区。

"洞庭"峡谷

坐落在东宁道河境内的"洞庭"并非湖南、湖北之间的"八百里洞庭"，而是绥芬河中游的一处峡谷——"洞庭"峡谷。关于其名字的由来，则要追溯到20世纪30年代日本关东军侵占东北之际。当时，关东军在道河洞庭村附近修建了一条长150米的隧道，从绥阳开往东宁的火车每次都会在隧道前停下来加水，因此有"洞停"之名，后来便被叫成了"洞庭"。洞庭村由此得

名，其附近的峡谷也被称为"洞庭"峡谷。在满语中，"洞庭"意为舢板船。

2亿年前的印支造山运动，使得现今东宁道河境内的中酸性火山岩浆沿着地壳缝隙喷发溢出地表，后来经过地壳多次隆起与下降的构造运动，形成了具有河流峡谷、断层构造、岩浆喷溢、火山岩石等地质遗迹复合性特点的"洞庭"峡谷，峡谷内地质系统保存完整。

"洞庭"峡谷长10千米，蜿蜒曲折，沿岸悬崖峭壁从山顶到谷地，垂直落差达100米。高100米、长500米的锯齿峰呈90°矗立河畔，嗡水砬子、蝙蝠崖、三尖峰、卧龙岗等也围绕峡谷耸立。峡谷南岸有一片洁净细腻的沙滩，与面积近

5000平方米的天然草地相连。此处水流平缓，水面宽达200米，水深2米。峡谷两岸覆盖着茂密的森林，生长着数十种针叶、阔叶树。

东宁台地

在东宁东南部，有一片面积广阔的熔岩台地，与珲春东北部以及穆棱的台地相连，向西延伸至宁安、敦化一带，总面积近5000平方千米。新生代新近纪，东宁、穆棱至宁安一带发生隆起，大量玄武岩沿着地壳裂隙溢出，覆盖在断陷盆地内的河湖相沉积之上。在流水长期切割侵蚀作用下，这些地方形成了平顶方山和孤丘。到第四纪更新世火山活动频繁期，从火山口喷出的玄武岩熔岩流促成了熔岩台地的形成。这种台地在当地被称为"平岗"，属于火山台地。东宁

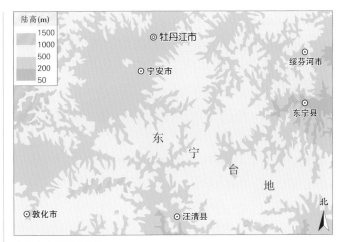

东宁台地位置示意图

台地的熔岩厚度并不均匀，中间厚四周薄，中央部分的熔岩流多达12—13层，厚度有150米；四周边缘部分熔岩流只有1—2层，厚度不足20米。

东宁台地主要位于山前地带，是老爷岭山脉北延部分，海拔介于400—700米之间，地势较高，并向西北倾斜。台地地表或呈波状起伏，或呈丘状，或平坦，或倾斜，上面覆盖着以黄土状亚黏土为主的土

壤物质，其次是坡积残积和冰水沉积物。

大绥芬河

作为绥芬河水系最重要的一条河流，大绥芬河贯穿整个东宁，是绥芬河的南源。大绥芬河发源于汪清复兴老爷岭海拔830米的秃头岭北侧，自源头向西至复兴金仓村河段被称为大火烧黑河，从此地折向北流则始称为大绥芬河。河流上

神仙洞　位于东宁镇境西南的绥芬河畔，对岸为万佛宝塔金光寺，相传曾有神仙居住于此洞中，故名。这个位于绥芬河南岸、由7座山峰连接而成的悬崖峭壁上的神仙洞，洞口宽约3米，进入两三米后渐渐变窄。石洞南面的石壁底部有一个深3米、长20多米的凹槽，为常年流水冲刷侵蚀而成，水流流经此处时常常形成漩涡，人称"抽水碇子"。如今因水位下降，水面北移，凹槽底部已成空洞。

大绥芬河作为绥芬河水系最重要的一源，水量、水能资源十分丰富。河流两岸，一边被侵蚀后阶地痕迹明显，另一

游为沼泽地和峡谷，在穿过一片宽1000米、长10千米的沼泽地带后进入峡谷之中，途中接纳了东来的岔子沟支流。在太平沟以上2000米处，河流冲出峡谷，而后流入罗子沟盆地。盆地内地势低缓，大绥芬河在此接纳了西北来的老母猪河，而后转向东流，继而折向东北，出汪清入东宁。

大绥芬河在汪清蜿蜒穿行98千米后，在东宁境内流长100千米，流经道河全境以及老黑山北部。在道河境内，大绥芬河接纳了黄泥河、小寒葱河、大寒葱河等支流，过老黑山二道沟后便接纳了老黑山

河。经过道河的奔楼头、红石砬子等地后，大绥芬河在小地营村下游约2500米处与小绥芬河汇合后称为绥芬河。绥芬河继续向东流，经过"洞庭"峡谷、通沟岭，流入开阔平坦的东宁平原，在平原东部的三岔口接纳了其右岸最大的支流瑚布图河后，进入俄罗斯境内。在流域面积达4517平方千米的土地上，大绥芬河的落差达到676米，水能资源丰富。

瑚布图河

在东宁边境与俄罗斯接壤的瑚布图河，是绥芬河右岸最大的支流。因河内多乌沙，故

又名乌沙河，亦谐音无沙河、乌蛇沟河。瑚布图河发源于俄罗斯维尔希纳桑杜加山，在中俄"帕"字界碑以北3000米处，接纳了中国境内的南北两条三岔河（南三岔河发源于东宁老爷岭，全长21千米；北三岔河发源于东宁，上游名叫暖泉河，全长19千米），三河相聚后始称瑚布图河。自此，瑚布图河由南向北一路直流，经亮子川、前营、五星村，在高安村接纳大肚川河（亦称佛爷沟河）和小乌蛇沟河（亦称小瑚布图河），过三岔口转向东北，在突起的孤山——团子山东北流入绥芬河。

边则有沉积物堆积成河漫滩。

全长107千米的瑚布图河，其中97千米的河段为中俄两国界河，在中国境内的流域面积约为1466平方千米。从源头到入河口，瑚布图河流的落差达624米。流域内渔业资源丰富，盛产滩头鱼、大马哈鱼和鳟目鱼等珍贵鱼类。

瑚布图河河道示意图

佛爷沟河

相对于佛爷沟河这一称呼，大肚川河更被当地人熟知，大肚川就因位于大肚川河所形成的冲积平原南端而得名。在满语中，大肚川意为桔梗。佛爷沟河发源于东宁南境的老爷岭山麓，有两个源头：右源水曲柳沟和左源九佛沟，前者河长25千米，后者河长约33千米。两源在大肚川的太平川汇合，然后纳杨家趟子沟，流经闹枝沟、神洞、大肚川、胜利等村，在高安村与小乌蛇沟河汇合后，注入中俄界河瑚布图河。

佛爷沟河全长约70千米，河面宽8—20米，流域面积近1000平方千米。河流上中游流经太平岭东麓山地，森林茂密，生长着落叶松、白桦、柞树等树种。在大肚川冲积平原处，地势较为平坦，河流流速减缓。随着地势由西向东倾斜，河水也是从西向东流泻，落差近500米。每年11月下旬至翌年3月下旬，是大肚川河的结冰期。另外，河流沿岸煤炭资源丰富，是东宁煤田的一部分，此地煤矿开采史可追溯至清末。

佛爷沟河流入东宁盆地，其冲积而成的大肚川冲积平原为东宁平原的一部分。

东宁老黑山河的一段。它属于季节性河流，冬季结冰期较长。

老黑山河

老黑山河因源出东宁老黑山而得名，又因在二道沟村附近注入大绥芬河，有二道沟河之称。其发源于老黑山境内的老爷岭山脉头龙奉北山东北侧，有3个源头：东股流、中股流和西股流，上游都辟有林场。东股流自东向西、中股流自南向北、西股流自西南向东北，三股流在三尖砬子村东部附近汇合，而后转流向西北，这个河段被称为三尖砬子河。三尖砬子河向西南转了一个90°的弯后再缓慢折向东北，经大甸子村到黑瞎子沟村，又换了另外一个称呼——黑瞎子沟。黑瞎子沟转向东北流淌，流经新村、阳明村、太平沟、南村、西短沟子、和光屯、万宝湾等地，在二道沟村东5000米处注入大绥芬河。黑瞎子沟以下河段，即被称作老黑山河。

全长80千米的老黑山河，全都在老黑山境内流淌，流域面积820平方千米。从源头老爷岭山脉到入河口，老黑山河水的落差超过400米，流经老黑山的煤矿盆地，沿岸森林资源丰富。其为季节性河流，每年到了11月下旬，老黑山河便进入漫长的结冰期，直到翌年4月上旬。

寒葱河

在东宁境内，既有属于小

绥芬河支流的寒葱河，又有属于大绥芬河支流的大寒葱河、小寒葱河。它们之间除同属绥芬河水系外，并没有什么其他关联。寒葱河发源于太平岭东部的南天门林场，这里的海拔大多在400—845米之间，北与绥芬河市境搭界，东与俄罗斯接壤。寒葱河全长48千米，流域面积约500平方千米，从源头流出后向北流经东宁的东沟村、新屯子村、纳马架子河后，进入绥芬河境内。绥芬河南部为林区，区内地势较高，森林茂密。在绥芬河南寒村以北1000米处的寒葱河上建有水库。之后，河水一路北流经南寒村、北寒村（其原名为寒葱河村，因河得名）至洛河桥，接纳建新河、宽沟河，而后西折经过红花岭再次流入东宁境内，在绥阳东部汇入小绥芬河。

老松岭

作为老爷岭的主要支脉之一，老松岭大部分位于汪清东部。绥芬河的南源大绥芬河有多条支流发源于此。山脉北段是嘎呀河源头，与黑龙江境内的老爷岭相连，南抵汪清荒沟附近，与珲春境内的盘岭相交。呈西北—东南走向的山体长约80千米、宽40—50千米，

由以海西期和燕山期花岗岩为主的岩石组成。老松岭南部地区有火山构造发育，从中生代三叠纪开始至侏罗纪末期结束的火山活动使得南段保留有大量侏罗纪火山岩。

老松岭地貌以中山、低山为主，海拔在800—1000米之间，相对高度也有400—600米，地势西北高，东南低。山岭东北是罗子沟盆地，盆地受北东向构造和北西向构造控制，总体呈近南北向展布，与老松岭山脉走向基本一致。不同于老爷岭北部山体切割严重的情形，老松岭山体切割较轻，山顶多呈浑圆状。海拔1116米的老松峰是山岭的主峰，其他主要的山峰还有大顶子（海拔1097米）、秃老婆顶子（海拔1035米）等。山上森林覆盖率近70%，植被以原始温带针阔叶混交林和次生杨桦林为主，盛产人参、黄芪等。

杨旗山

坐落在汪清北部的杨旗山，是前河与春阳河的分水岭。山体近东西走向，西部与哈尔巴岭海拔1147米的地方相连，东至天桥岭火车站附近，35千米长的绵延山岭上耸立着老秃顶（海拔1126

米）、三仙岭（海拔820米）、拉其岭（海拔675米）等山峰。作为哈尔巴岭的东延支脉，杨旗山的岩石构成与哈尔巴岭迥然不同，后者以玄武岩和花岗岩为主，而前者的山体岩层则较为复杂，多由花岗岩、变质岩和火山岩组成。山岭东段有红太平铜矿。汪清境内森林茂密，杨旗山的植被覆盖率很高，柞树、桦树等是主要树种。

小庙岭

位于龙井与安图交界处的小庙岭，其东侧为朝阳河，西侧为布尔哈通河，是两河的分水岭。小庙岭北接哈尔巴岭主峰哈尔巴岭峰（海拔1055米），南抵龙井朝阳川北侧的兴安屯，因山上有一座庙宇而得名。偏西北—东南走向的山体多由花岗岩组成，长约60千米，由一系列海拔800米左右的山岭组成，最高峰934米。在地质构造上，小庙岭属于延边褶皱系，在敦化—密江大断裂带的东侧，受该断裂带的影响，此地蕴藏有金矿。山岭周围森林植被茂盛，生长着桦树、柞树等树种，还生长着野山参等珍贵药用植物，山上建有三道湾人参场。

四方山

四方山，又叫四方台，因山体略呈方形，顶部较为平坦而得名。其坐落在汪清大兴沟大石村以东、北沟以北，距离蛤蟆塘村约13千米。四方山是哈尔巴岭支脉，其主体可分为东四方山和西四方山两部分，最高点海拔955米。山上星罗棋布地散落着100多个大小不等的天然湖泽，其中在南坡地势较低的丘陵地带就分布着30多个，它们在平面上呈网格状分布，并顺着地势由北向南呈梯阶状排列，南北流向的小溪流将若干池塘串联起来。在池塘群上部，椭圆状的众多孤丘与崩塌的岩石相间分布。这些池塘的形成与1902年汪清发生的地震有关，属于断陷池塘。

东四方山是景色别致的石砬子，山顶由古、新近纪玄武岩构成，耸立着一块块天然雕琢而成的石头，但是平坦开阔，上面坐落着一座辽金时代的古代山城，是敦化通往东宁的重要通道；底部有一条东西走向的大裂子峡谷，长2000米、宽200—400米。峡谷内，针阔叶林木茂盛，松林密集，同时又被分隔成众多狭窄的小峡谷。西四方山则是另一番景象，顶部耸立着多块高达30余米的人形巨石，周围石头围绕；山间松林密集，地上积满了厚厚的落叶。

磨盘山

位于汪清东光磨盘山村南边的磨盘山，是座桌状山，顶峰的东、西、北三面，受流水的侵蚀切割，形成岩石嶙峋的陡崖，只有西北向的坡度相对较缓。磨盘山海拔756.3米，远望如碾子的底盘，故被称为磨盘山，是东光境内较高的山峰，山体周围被数十座海拔600米以下的山峰环绕，向北可望海拔826米的尖山子，南面则耸立着地处珲春的海拔789米的望海塔。

小汪清河流经磨盘山山脚。其山上植被茂密，以柞树为主，从山脚至山顶，还依次分布有草地及以金达莱为代表的灌木丛。山体岩石出露，尤其以东南侧山坡为多，由于流水侵蚀及风化作用，一些岩石集中处自然形成石头堆（当地人称石头砬子）。山的顶峰，地势平坦，但由于土壤层不厚，仅草甸发育，局部有灌木分布。

蛤蟆塘盆地

汪清西部大兴沟有一个面积为140平方千米的山间盆

四方山顶峰，因其整体呈方形，顶部较为平坦而得名。

地，其南起牡丹池，北至红石砬子以北的大石屯一带，西部与延吉的屯田营盆地相连，南端则呈狭长带状，连接百草沟盆地。因为原蛤蟆塘乡境大部分地区（蛤蟆塘乡现已并入大兴沟镇）都位于盆地境内，因此这个盆地被称为蛤蟆塘盆地。

蛤蟆塘盆地位于鸭绿江断裂带北延的两江—明月断裂带西侧。由于中生代以来亚欧板块与太平洋板块的挤压作用，断裂带发生明显的左旋走滑，致使一些小型走滑拉张盆地出现，其中就有蛤蟆塘盆地。盆地内部发育有一套早白垩世河湖相沉积地层，局部发育有少量古、新近纪含煤沉积，深灰色、灰色砾岩夹砂岩呈带状

分布在盆地中南部的前河至牡丹川一线。早期，盆地沉降较快，侵蚀强烈，地势陡峭，随着洪水泛滥，在山麓前盆地边缘发育有冲洪积扇。到了盆地发育中期，侵蚀面上升，大量水流的注入带来大量物质在湖盆内部形成扇形三角洲相沉积。进入盆地发育晚期，湖盆内的物质不断堆积，湖面扩大，湖水变浅，上面覆盖着一层红色碎屑岩沉积。前河、后河、牡丹川等河流流经蛤蟆塘盆地，盆地四周森林植被覆盖率高，盆地内的河谷平原则是重要的农业区。

汪清盆地

汪清境内众多盆地和山岭相间分布，有罗子沟盆地、春

阳盆地、蛤蟆塘盆地、百草沟盆地、杜荒子盆地、汪清盆地等。其中坐落在汪清西南部的汪清盆地因位于大汪清河下游而得名。盆地东高西低，其四周为海拔400—600米的低山，东北为老松岭、南与盘岭相连、西接嘎呀河谷地，盆地内部平均海拔240米。嘎呀河、大汪清河等四条河流穿过盆地，沿岸是宽阔的沙滩，两侧有相对高度在20—30米之间的高阶地，沟谷侵蚀强烈。河流冲刷形成的河谷平地被开辟成水稻田，旱地和坡耕地上则种植蔬菜、大豆、玉米、谷子等作物。

与蛤蟆塘盆地一样，汪清盆地同属小型中生代断陷盆地，是北西向断裂带发生左旋

同为流水侵蚀形成的盆地，蛤蟆塘盆地有残丘分布（上图），汪清盆地的边缘则明显有冲积扇地貌（下图）。

走滑作用而控制形成的。由于流水的侵蚀冲刷，盆地内有白垩纪沉积物。汪清盆地面积并不大，宽近2千米、长约10千米，面积近20平方千米。

罗子沟盆地

地处汪清东北部的罗子沟盆地，是大绥芬河上游的河谷盆地，老松岭和太平岭分别从东南和西北围绕。盆地呈不对称四边形，东侧的老爷岭地势陡峭，多低山，而西侧却是一块宽12千米、面积近160平方千米的波状台地。这块台地与东宁台地以及宁安—穆棱一线的台地相连，由白垩纪和古、新近纪砂砾岩组成，切割强烈，被平行沟谷切割成梁状。台地比盆地内部高出50—130米。大绥芬河贯穿罗子沟盆地，接纳老母猪河等支流，冲刷出一个宽1000—2000米的河谷平原，除沼泽、砾石滩外，其他地方被开辟成水田，是汪清重要的粮食产区。

在区域构造上，罗子沟盆地是中生代断陷盆地，位于两江一安图北东向构造带北端，北东向构造与早期的北西向构造复合控制了盆地的形成。中生代时期，罗子沟盆地呈南北向展布，受北东向构造影响，盆地向北西倾斜。在盆地形成初期，火山活动强烈，基底分布有火山熔岩，以致周围的低山也多由火山岩以及花岗岩组成。盆地形成晚期，火山活动停歇，形成正常碎屑岩沉积。盆地内部相对稳定的湖水以及大量繁殖的生物，则为油页岩的形成提供了有利的地质环境。

春阳盆地

春阳盆地，因春阳坐落其中而得名，位于汪清西北部。哈尔巴岭从南、北、西三面将盆地包围，嘎呀河支流八道河从西北流经盆地，冲刷出一个面积为27平方千米的狭长河谷平原。平原宽2—4千米、长约10千米，海拔在350米左右，农业以种植水稻为主。河流沿岸两侧分布着多级台地，相对高度在20—40米之间，最高可达80米。

盆地周围的山地以低山为主，海拔700米左右。中生代以来火山活动活跃，岩浆以本区的东宁—安图断裂以及大和岩石圈断裂为通道，形成了完达山—老爷岭火山岩带。春阳盆地这个中生代断陷盆地正位于这条火山岩带南段，周围低山为大片因火山活动而形成的玄武岩所覆盖。山上林木茂密，柞树、桦树等树种资源丰富。

金仓河谷

汪清东部的复兴境内，金仓河流域中，从老松岭发源的河流从东南向西北流入大绥芬河，成为大绥芬河的河源区。因为金仓河流域多属于河源区，河谷特征明显。从杜荒岭村到糖厂村12千米长的河谷就是金仓河谷的中上游，此段河床及溪河浅滩宽度小于10米，水流量小且受季节控制。河床两侧有宽百余米至几百米不等的河漫滩，南缓北陡，呈不对称箱状。由于金仓河流量小，河流两岸没有被开辟为水田，区内耕地都为旱地，种植有小麦、大豆、马铃薯等。金仓河谷区植被发育较好，森林茂密，同时还有面积较广的沼泽湿地，覆盖有草地。

金仓河谷位于断裂盆地边缘，北西向和北东向的断裂带构造发育良好，南北两侧出露有少量二叠纪泥质浅变质岩及零星的古、新近纪玄武岩、砂砾岩等。当然，该河谷最有特色的是发育有第四纪沙金矿，是重要的金矿蕴藏地。在敦化—杜荒子断裂带和新合—马滴达断裂带这两条东西向断裂带之间，有一条长约200千米、宽约50千米的隆折带，其上分布着众多金矿床（点），规模较大的金矿有龙井的五凤、五星山，珲春的小西南岔、三道沟农坪，汪清的金仓、刺猬沟、闹枝、九三沟等。其中金仓金矿床位于五凤—小西南岔火

汪清境内四盆地分布示意图

春阳盆地
罗子沟盆地
北
○春阳
○罗子沟
○大兴沟（原蛤蟆塘）
○汪清县
蛤蟆塘盆地
汪清盆地

山岩型金矿带的东段，赋存在金仓河谷的上游和中游。

汪清河

汪清县，因汪清河而得名。"汪清"为满语，原意为"因毛甲非常稠密，用枪刺不穿"，引申为"坚固的堡垒"。汪清河是嘎呀河的支流，流经汪清南部。其主源大汪清河发源于老松岭西南麓的东光雪岭，西南向流经金沟岭、沙金沟、长荣，而后转向西北，经白岩、长兴、满河、西大坡、秋松、磨盘山、小汪清等地，在东光金城村以西与小汪清河汇合。从东光塔子沟林场发源的小汪清河，向西南流经东光人参场、清河、城墙砬子、林子沟、新建屯、赤卫沟，而后转向西北，流经东林、明星屯、明月沟、金城。大小汪清河汇

流后便称汪清河，流入汪清县城，在柳树河屯西南汇入嘎呀河。

全长86千米的汪清河，接纳有庙沟、夹皮沟等支流，滋润着1250平方千米的土地。汪清县城以上，汪清河两岸山高林密，河床狭窄；而在汪清县城以下，河谷渐渐宽阔舒展，两岸修筑有堤坝，沿岸耕地多被开垦为水田。

牡丹川

牡丹川，嘎呀河支流之一，发源于汪清西端百草沟海拔982米的西大顶子南麓，由西向东流经长安屯、太平、永兴、牡丹川、共兴等村，在八棵树附近流入嘎呀河，途中接纳有红旗沟，全长约28千米，流域面积136平方千米。牡丹川地处蛤蟆塘盆地和百草沟盆地之间，是一条山溪性河流，每年11月至翌年

4月，牡丹川处于封冻期，河水断流。由于流经之地地势陡峻，牡丹川河道落差有326米，水面平均宽度才6米，水深亦不过半米。河流两岸多山地，种植有大量果树。

天星湖

在百草沟境内的满台城，有一处因拦截嘎呀河水而形成的水库湖泊——天星湖。这里

群山之间的天星湖为拦截嘎呀河而成，周边植被覆盖良好。

位于嘎呀河中游河段，因上游有众多河流汇入，河水流量猛增。河流两岸山高险峻，河道狭窄，水流急促，一道高37米、长337米的大坝（1991年修筑）将嘎呀河水拦截住，成为现在面积为10.5平方千米的天星湖。湖面狭长曲折，长18.7千米，湖面最宽处宽度为2118米，最窄处仅有100米，水深从16米至40米不等。

牡丹川为山溪性河流，水量季节变化大，河流两岸灌丛生长茂密。

盘岭

横亘在珲春西部与汪清东南部交界处的盘岭，又称磨盘山脉，是一条近东西走向的山脉，将岭北的嘎呀河、绥芬河和珲春河上游杜荒子河水系，与岭南的珲春河、图们江水系隔离开来。盘岭西端与图们接壤，东至珲春春化盆地，长约100千米。

盘岭在大地构造上属于延边海西褶皱系，因此主脉山岭的岩石构成多为海西期花岗岩、中生代侏罗纪火山岩，也有局部地方山顶覆盖有新生代古、新近纪玄武岩，形成熔岩方山。其向南延伸出很多支脉，但走向紊乱，断裂构造则发育较好，山岭多由古生代二叠纪变质岩组成。盘岭山地以中山、低山为主，海拔800—1200米不等，珲春最高峰老爷岭（1477米）坐落其中，另还有磨盘山（1114米）、秃秃岭（1356米）、黄松甸顶子（1221米）等海拔超过千米的高峰；而山岭南麓依傍着海拔仅20米的珲春盆地，这种悬殊的高差使得盘岭地势愈显险峻高耸。

北

盘岭地貌示意图

盘岭植被丰富，但多是次生杂木林，以柞树、桦树等树种为主，原始森林已经被砍伐殆尽。密江河、珲春河等众多河流从这里发源，流水冲刷山体，地表破碎。特别是在山岭南部的密江和石头河谷地，因山坡多被开垦成坡耕地，水土流失严重。

珲春岭

在珲春东部与俄罗斯接壤地带，一条长130千米的山脉将珲春河流域与俄罗斯沿海河流分隔开来，它亦是中俄两国的分界岭。这条山脉就是珲春岭，亦可叫作珲春东岭。其北起中俄界河瑚布图河源头，南抵敬信盆地西部的小盘岭附近。

地处延边海西褶皱系地质构造带的珲春岭，山体主要由海西期花岗岩组成，间有二叠纪变质岩。海拔587米的前山将珲春岭分为南北两段，两者无论是在山势走向、海拔、地貌以及植被方面都呈现出差异。北段山体呈北北东走向，地势相对较高，大片玄武岩覆盖住北段的部分山顶，山顶较为平缓。这里与盘岭、老松岭、大龙岭等山脉相邻，森林茂密，原始森林面积广阔。南段山体则呈北东东走向，山势低缓，有许多丘陵台地，海拔比北段低。南段因靠近图们江入海口，河流密集、人口稠密、森林稀疏，植被多以次生杂木林为主。珲春岭西侧是珲春河谷，谷中蕴藏着丰富的金矿。

珲春岭的海拔在500—800米之间，以低山为主，最高峰是海拔984米的棺材砬子山（又叫望海峰）。草帽顶子、神仙顶子、大盘岭、黑顶子等也是珲春岭上重要的山峰。由于珲春岭距离东部的日本海15—40千米，山岭群峰之间的低山隘口自然就成为海上气流进入内陆的重要通道，如分水岭山口、长岭子山口。海拔仅120米的长岭子山口，成为珲春与俄罗斯之间的天然通道。

五家山

敬信是珲春位置最南的乡镇，也是中国距离日本海最近的地方。在敬信北部与俄罗斯交界的金塘村，耸立着一座高429米的山峰，因清朝光绪年间曾有五户人家在山脚下建屯，被称为"五家山"。珲春岭从北部逶迤南下，隐没在敬信盆地边缘，五家山正好位于这一边缘地带。

五家山呈西北—东南向延展，山顶陡峭险峻，距离俄罗斯沿岸的波西耶特湾仅4000米。因此，五家山又被誉为"海湾第一峰"。五家山北面山脚下是从珲春岭长岭子山口通往俄罗斯沿岸港口克拉斯基诺的国际公路，南面是敬信盆地内的六道泡子、七道泡子、八道泡子和九道泡子（泡子是当地人对面积较小的天然湖泊的俗称）。由于这里与俄罗斯接壤，东北虎偶尔会在这里出没。

头道沟西山

在珲春西部，一列呈北东走向的山岭将密江河与珲春河水系隔离开来，这座山岭就是因位于头道沟以西而得名的头道沟西山。其北与盘岭主峰相接，南至图们江北岸的英安荒山坡，南北延伸50千米，是盘岭南延支脉。在地质构造上，这里仍属于延边海西褶皱系，因此头道沟西山山体岩石主要为花岗岩和变质岩。山地主要由一系列中低山岭组成，其最高峰是海拔1133米的头道沟西山（其既是山岭名亦是山峰名）。此外，重要的山峰还有清沟山（海拔703米）、小盘岭（海拔611米）、牛头山（海拔932米）、红牌子山（海拔427米）等。头道沟西山北部森林茂密，以柞树林为主。其南端荒山坡地势低平，与北部山地高差近千米，隔图们江与朝鲜相望；因开发较早，林木稀疏且人们在坡上开垦耕地种植，故水土流失较为严重。

敬信盆地

在图们江奔向入海口的下游地带，有一个地跨中朝两国的盆地——敬信—元汀盆地，图们江将其一分为二，在中国境内的部分被称作敬信盆地。盆地位于珲春东南部，与俄罗斯、朝鲜接壤，敬信坐落其中。

受延吉—珲春断裂带及沿海北东向断裂带的影响，新生代新近纪，由海西期花岗岩为基底的敬信盆地开始上升并遭受剥蚀、侵蚀；第四纪初期，盆地又开始下降接受沉积，之后又出现间歇性的升降运动，最后发育成为现在的断陷沉积盆地。盆地周围是由海西期花岗岩组成的低山丘陵和古近纪沉积岩组成的波状台地。低山丘陵从北、东、南三面将盆地围绕，北面是小盘岭，东为老龙山、富岩山、水流峰等丘陵，盆地北面出露有由古、新近纪砂砾岩组成的多级阶地和台地，相对高度分别为10—30米和50—60米。轮廓近圆形的敬信盆地长约12千米，地势低平，海拔仅6—13米，地势由四周向中部倾斜。盆地内泡塘遍布，图们江及其支流圈河，以及头道泡子、二道泡子、三道泡子等九大湖泊的冲刷堆积，使这里形成广阔的泛滥平

五家山及周边地貌示意图

敬信盆地（上图）和珲春平原（下图）皆是断陷沉积而成，地势平坦广阔，有多条河流流经，灌溉水源充足，是发展耕作业的良地。

原（河流在洪水期溢出河床后堆积而成的大型河漫滩），面积约53平方千米。

一个很有趣的现象是，在这个盆地内，不仅广布沼泽和湿地，还有沙丘和沙地等。这些沙丘和波状沙地位于图们江沿岸，由风蚀风积而成。

春化盆地

珲春东北部的珲春河上游，有一个河谷盆地，因春化坐落在其北部而得名春化盆地。盆地被三条山脉围绕：东为珲春岭，西接盘岭，北有大龙岭。珲春河从盆地西侧流入，并在春化西土门子附近接纳了来自盆地东北方向的清泥瓦河。河水在春化盆地内流贯，冲积出一个宽2千米、长15千米、面积约28平方千米的狭长河谷平原。平原海拔200米左右，河岸是砾石滩。由于地势平坦、水源充足，多被开垦为水田，是水稻种植区。

受北东向的珲春断裂带控制影响的春化盆地，是新生代断陷盆地，与敬信盆地形成于同一时期。盆地周围山地多为中山、低山，山上森林植被较为茂盛，多是由柞树、桦树等树种组成的次生林。

珲春平原

珲春盆地位于珲春河汇入图们江的下游地带，属断陷沉积盆地。盆地西邻图们江，北、东、南三面均为低山丘陵环绕，地势东高西低。盆地轮廓略呈三角形，北窄南宽，长30余千米、宽10—20千米，面积约470平方千米。珲春河自东北流入盆地后，河道分歧，呈枝状，横贯盆地中部，形成了一个河流冲积平原——珲春平原。

平原是盆地内最主要的地貌，海拔20—70米，北高南低。河流两岸多砾质河滩，有多级河流阶地和台地。一、二级阶地位于盆地中部，该地带地势平坦，面积宽广，自流灌溉条件很好，分流河道之间的地方被大量开垦为水田，是主要的农业耕植区。高级阶地上，在底部的砂砾层上覆盖有厚度不同的黄土状泥层，相对高度在20—100米之间。从高级阶地向盆地边缘的低山丘陵过渡的是侵蚀剥蚀台地。台地和丘陵多是由古、新近纪砂砾岩组成。低山丘陵植被覆盖率为50%，生长着稀疏的次生杂木林，山坡被开垦成坡耕地和旱地。此外在珲春平原地层底下，有一储量丰富、面积约为460平方千米的煤田。

密江六棱石

在盘岭山脉东南方的珲春密江中岗子附近，有一处很奇特的地质景观——玄武岩柱石，又叫六棱石。这是一种由火山喷发后形成的基性火山岩矿体所组成的地质矿物，矿体为第四纪船底山玄武岩。在延边地区北部，大面积出露有中生代火山岩，其主体沿着百草沟—汪清—金仓—小西南岔东西向深大断裂带呈带状分布，而密江正好位于这一地区，而且这里还是南北向的珲春密江—汪清十里坪火山岩带的分布区域，处在两个火山岩带交集处的中岗子一带，玄武岩分布密集，为玄武岩柱石地质景观的形成奠定了基础。

由于新生代以来，延边地区的地质升降运动频繁，密江河水的冲刷侵蚀，使得沿岸中岗子一带的玄武岩出露于地表。现在所看到的这片玄武岩长为85米、宽为40米，矿体上部因风化作用，形成了一种六面柱状体，这也是六棱石得名之由来。这种六面柱状体直径为10—30厘米，长80—120厘米，散布在玄武岩上，并且沿着山坡坡度方向排列。相较于玄武岩上部六面柱状

柱状节理 是岩浆在缓慢冷却的过程中，熔岩发生均匀收缩、内部开裂而形成的。由于在自然界中，六边形具有完全填充表面而且各自之间不容易发生移位的稳定性，成分较为均匀的熔岩开裂时就形成了六面柱形。其后在长时间的风化中，裂隙侵蚀加深，就形成了柱状节理（小图）。而在一些剧烈的火山爆发中，熔岩迅速冷却而难以均匀开裂，也就无法形成柱状节理了。长白山地区在中生代的燕山造山运动中发生地壳断裂，形成镈隙迸发火山，因此留有多处火山口，西坡的望天鹅也和密江一样留有大片的玄武岩六棱石（下图）。

体散乱的情形，玄武岩下部的六面柱状体结合紧密，成为一个整体。而且，玄武岩沿着河谷向右流动的趋势明显，向下倾斜成"U"字形。六棱石颜色为黑色，是全晶质或半玻璃质的显微粒状或斑状结构。岩石中含有部分铁质，且比重较大。

草帽顶子矿泉

在珲春春化草帽顶子村与俄罗斯接壤的边境上，耸立着海拔636米、山顶形如草帽的山峰——草帽顶子山，距离太平洋沿岸的海参崴只有45千米。在这座山峰的西北侧海拔480米的地方，有泉眼出露，泉水水温为3℃，属于极冷泉，这就是草帽顶子矿泉。其泉水长流不息，流量变化不大，即使在枯水期，泉水日流量也有86吨。珲春河支流清泥瓦河和草帽顶子河绕泉而过，泉水西部200米处有一个面积为15万平方米的泡子，当地人称为"海眼"。

草帽顶子矿泉所处的草帽顶子山位于珲春岭北段，北东向压性断裂与东西向喷发构造的复合部位，是一座高位玄武岩山。中生代以来的火山活动，使得这里有大面积的玄武

熔岩溢出，断裂及构造裂隙发育，为地下水提供了良好的蓄水空间。地下水沿着裂隙流动的过程中，吸收了周围岩石中的矿物质以及古、新近纪砂岩中的硅藻土矿物质，形成了含钴、锶的偏硅酸矿泉水。草帽顶子矿泉周围玄武岩面积广阔，在本地的四种地下水类型（松散岩类孔隙水、碎屑岩类孔隙裂隙水、玄武岩孔洞裂隙水和基岩裂隙水）中，属于玄武岩孔洞裂隙水，水源补给以降水为主，补给面积约20平方千米。

20世纪80年代，有人在草帽顶子泉水附近竖起了一块写有"吉东第一泉"的石碑，并雕塑有一条长龙，龙口处有泉水流出。因此，泉水又被称为龙泉。

得益于来自日本海的暖湿气流和图们江摆荡留下的多处沼泽，敬信湿地成为东北重要的候鸟越冬地。

敬信湿地

敬信湿地地处图们江下游的珲春敬信盆地内，其中小型的湖泊、沼泽星罗棋布，面积广阔，达80多平方千米，海拔在5—15米之间。敬信湿地是吉林六大重点湿地之一，也称"图们江下游湿地"，与向海、莫莫格、松花江"三湖"、柳河哈尼和安图圆池湿地并称。敬信濒临日本海，受海洋性气候影响，春秋季多风，气候温暖潮湿，再加上图们江下游贯穿其中，为湿地提供了充足的水源补给，这些因素都有利于湿地环境的形成。

从湿地类型来说，敬信湿地主要是湖泊湿地和草丛沼泽湿地。敬信盆地中有许多面积不等的泡塘，它们多为天然湖泊，是图们江摆荡形成的残

密江河流经盘岭、横山等山区，切割出狭窄的河谷、阶地，沿岸森林覆盖率甚高，流域环境优美。

留湖，有一些已被人工改造成水库，如从六道泡子到九道泡子，皆已被改造。草丛沼泽湿地按照植被情况，可以分为大型挺水植物湿地和低矮草丛沼泽湿地。后者以低矮苔草为优势种，是图们江流域分布最广、面积最大的湿地类型，但敬信盆地内的沼泽湿地是大型挺水植物湿地。这类湿地多集中在下游湖泊的湖岸带，如敬信盆地内的头道泡子、沙草风湖岸边就分布有大型挺水植物湿地。

作为地球生态系统的一部分，敬信湿地内的动植物资源异常丰富，且保留有许多特有种。湿地内有野生动物190种，其中鸟类有丹顶鹤、大天鹅、白额雁、虎头海雕、白尾海雕等126种，鱼类有大马哈鱼、滩头鱼、日本七鳃鳗等32种，两栖爬行类有中华蟾蜍、中国林蛙、蝮蛇等8种，兽类则有以黄鼬和水獭为主的32种。典型林栖兽类偶尔也在敬信湿地出没，而水貂和海豹在吉林唯一的分布区就位于敬信湿地。敬信湿地分布的高等植物占吉林湿地高等植物种类的60%，比重较大的植物群落有菰群落、牛毛毡—泽泻群落、拂子茅—苔草群落、大穗苔草群落、芦苇群落等，更是中国唯一一处大果野玫瑰生长地。敬信湿地最有特色的植物群落则是野生莲群落，这种莲花叫图们江红莲，是敬信湿地的特有种。

密江河

密江河因流经密江境内而得名。作为图们江的一级支流，无论是从河流长度还是从河面宽度来说，相比图们江的其他一级支流，密江河都是一条小河——其长只有56千米，流域面积771平方千米。河流发源于珲春英安大荒沟北部的盘岭南麓，从河源处向东南流，在英安大荒沟村折向西南，在大荒沟村以北附近接纳了北沟，以南则接纳了东沟。密江河穿过英安、密江两个乡镇的大荒沟、东沟、三安、中岗子、下洼子村、河东村、解放村、密江村等村屯，途中接纳了大槟榔沟、拐麻子沟、胡房子沟、子密江等20多条沟河，在密江境内的密江村注入图们江。

密江河上游流经盘岭、横山等山岭，沿岸山高林密，河谷狭窄，河床有基岩出露，多为大块岩石、卵石。河水流至下洼子村后，地势渐缓，流速也渐趋平缓。在下游河口处，贫水期时水面宽50米，水深半米。从图们江入海口溯流而上的大马哈鱼和滩头鱼在密江河口汇集，使得这里成为大马哈鱼的重要繁殖地。密江河流域森林覆盖率达到93%，河水清澈，栖息着花丽鱼、细鳞鱼等冷水鱼类。

圈河

在《珲春乡土志》中，有著名的"珲春八景"一说，其中一景位于敬信境内，即"莲塘九曲"，其描绘的"九曲"是一条奇异的河流——圈河。圈河从敬信盆地西北部山岭发源，在东南的圈河村汇入图们江，入河口对岸就是朝鲜的罗先港。这条河最大的特点，就是不足20千米长的河道蜿蜒曲折竟然有81道湾，民间则俗称"九十九道湾"。由于河流回环曲折，一圈套一圈地盘旋流淌，因而得名圈河。它串联起了敬信盆地内的9个泡子：头道泡子、二道泡子、三道泡子、四道泡子、五道泡子、六道泡子、七道泡子、八道泡子和九道泡子。珲春境内共有14个泡子，其中就有12个位于敬信境内，除圈河串联起来的9个泡子外，还有沙草峰泡子、防川泡子和张鼓湖。

在圈河水系的泡子中，最

穿行于敬信湿地的圈河。

大的是八道泡子，面积3.2平方千米。它与六道泡子、七道泡子和九道泡子现已连成一片，成为一个半人工水库，其余5个泡子仍然是相对独立的小型湖泊。这些湖泊地势不高，如八道泡子海拔只有6米。受日本海影响，水资源丰富，即使是大旱之年也不会干涸。湖水一般深2～4米，里面生长着菱角、鲫鱼、鲤鱼、雅泰、蛤蜊等水生生物。

头道沟·三道沟河

珲春河从东北向西南贯穿珲春，注入图们江，沿岸接纳了众多支流。从中游至上游，珲春河北岸汇入了头道沟、二道沟、三道沟、四道沟、五道沟、六道沟等支流。头道沟发源于珲春哈达门与汪清复兴交界的老爷岭峰西南麓，一路由北向南流，流经北沟子村、河山村、哈达门村，在哈达门村西南流入珲春河。头道沟全长32千米，流域面积166平方千米，其上游流经山地，河流流速湍急，到下游水面渐宽，水面平均宽度为8米，平均水深为0.5米。

位于头道沟以东的三道沟河，发源于哈达门黄松甸顶子峰（海拔1221米）北麓，也

是由北向南流入珲春河。河流流经雪带山放牧场、马营、三道沟林场、五户屯，在三道沟村向南流入珲春河，从最高点到最低处，三道沟河的落差为750米。28.8千米长的河道平均宽6米，水深不足1米，滋润着周围223平方千米的土地。河流下游一段是珲春河谷沙金矿床的一部分，沿岸的山地岩石由燕山期火山岩、次火山岩等组成。

图们江口沙丘

图们江口附近沙丘密布，从中国的珲春敬信一直延伸到朝鲜和俄罗斯境内，在中国境内主要位于敬信盆地内的九沙坪和防川一带，呈带状分布，主要有九沙坪沙丘和防川沙丘。沙丘高15—20米，宽10—200米，绵延长达几十千米。它们由松散沙粒构成，顶部覆盖有土壤层，是图们江下游地区干冷—湿暖气候交替变化的沉积记录。

九沙坪沙丘的规模并不大，分布范围集中在图们江下游"S"字形转弯处的九沙坪村附近，其东北部有四道泡子、五道泡子、八道泡子等湖泊和湿地，地势较为开阔平坦。历史上，图们江流经珲春

防川沙丘主要是由图们江古河道的泥沙沉积而形成，故覆满植被的丘陵与沙丘相间；沙下仍可见流水侵蚀冲刷的痕迹（小图）。

平原时流速减缓，挟带的大量泥沙在分流河道内沉积。随着主河道的改道，沙丘呈带状分布。因东南季风以及周围地势的阻挡，沙尘只能近距离搬运，再加上季风吹拂时还夹带着来自日本海海滩的沙子，因此沙丘的地势是西缓东陡。这里的沙丘多为半固定沙丘，40%有植被覆盖，外部形态多表现为新月形简单沙丘，新月形的两个尖端朝向下风方向。

防川沙丘南北延伸20千米，从朝鲜境内的水流峰一直到"土"字界碑一带。沙丘70%的地方覆盖有植被，是一种固定沙丘，其周围分布有沼泽湖和湿地。相对于九沙坪沙丘而言，防川沙丘更靠近图们江入海口。8万—13万年以前，海水倒灌使海岸线退缩，河水在敬信盆地内与海水交

汇，两者挟带的泥沙在图们江沿岸两侧沉积下来，随着海平面下降遂成为防川沙丘田。在长年风力作用下的侵蚀下，形成了现今有新月形复合沙丘、金字塔沙丘和穹状沙丘等多种形态的沙丘。其中，穹状沙丘主要分布在张鼓湖附近。

中高岭

这座东北—西南走向的山体，东边为南高岭，西边为北高岭，因地处两岭之间，因此被称为中高岭，位于图们兴进村高丽屯附近。海拔高度虽然仅为735米的中高岭，在图们江边的连绵丘陵地中，却已是接近第一高度。由于它所在的位置正好处于日本海和大陆之间的水汽通道上，春夏季时，热带季风从日本海吹来的潮湿冷气流（由鄂霍次

克海和日本海冷水域产生的冷气流）通过这里，所以，这座山的山顶几无树木生长，只覆盖了一些矮小的灌木和草本植物。最特别的是，它的山脊线岩石裸露，两侧植被景观各异，一侧有植被覆盖，而另一侧则是秃山，形如剃了阴阳头。相对于山顶稀疏的植被，山腰以下人工松林茂密，还遍布以金达莱为代表的半常绿灌木林。

望海塔

望海塔是图们的一座名山，位于石岘，为一列西北—东南走向的山体的最高峰。它北至陆北—河田一线，西以陆池村、陆南一线为界，南在六屯与龙岩村之间，东是石岘所在地，与西边的国旗梁尖（榛柴岭）等山构成了图们西北的高点。虽然海拔仅789米，但它已是图们的第一高峰，因高耸的主峰形似宝塔，且传说登高可望日本海，故称望海塔。这座山山势陡峻，平均坡降3‰。在以灰棕壤为主的山地上，植被生长茂密，以乡土树种柞树为主，另外还有四叶菜、蕨菜等野菜以及冰凌花等药用植物。

日光山东麓几近垂直的断崖绝壁。

日光山

在距离图们市区以南约4000米的月晴境内的图们江沿岸耸立着一座山体。尽管其绝对高度并不高，但因与地势低矮的图们江比邻而立，山势仍显突兀，这就是与朝鲜南阳隔江相望的日光山。

日光山山体由主峰及周围20多座山峰的悬崖峭壁组成，主峰海拔400米，山顶奇峰兀立，怪石嶙峋。山上针阔叶树成林，山脚则灌木丛生。初春时节，日光山处处盛开金达莱花，山体彤红。在茂密植被覆盖的深沟浅壑中，溪水长流，营造出一个相对独立的小气候。山的东麓临图们江，山势陡峭险峻，形成了一道90°弯曲的断崖绝壁，图们江也顺着山势弯曲从北折向东流，西北坡地势则较为平缓。当阳光顺着图们江峡谷照射过来，日光山是周边最早接受阳光照射，并且日照时间最长的地方，于是人们就将其称为日光山。著名僧人水月师就曾在山上的严华寺居住过，现有遗址存留。

图们盆地

图们地势西北部和南部高，东部低。图们江从图们东部边境流过，嘎呀河从北向东南贯穿图们中部，布尔哈通河则自北向南流经南部，在中部汇入嘎呀河。图们江、嘎呀河、布尔哈通河三河交汇之处，形成一个略呈三角形的盆地，这就是图们盆地。盆地受延吉—珲春断裂带控制，是一个小型中生代断陷盆地。

图们盆地西南部是丘陵区，有依兰河、布尔哈通河、海兰河等较大河流穿过。河流沿岸多被开垦为耕地，种植有

图们盆地中、东部为河谷平原，地势平坦、土壤肥沃，有大河流过，水源充足，

水稻以及其他经济作物。南部有台地与南岗山脉相接，由白垩纪砂砾岩组成的台地被河谷切割成梁状，剥蚀侵蚀明显。台地海拔并不太高，多在150—160米之间。盆地北部是盘岭的西端，地势相对较高，以海拔400米左右的低山为主，森林茂密。盆地中部、东部是河谷平原区，地势平坦、土地肥沃，适宜耕种。图们江

在这一河段，江面变得宽阔，流量增加，有些地方冲刷得厉害。在新基屯附近，图们江向外弯曲呈一个"几"字，曲流颈宽300米左右，被河水侵蚀剥蚀的台地高出江面20—40米，向东延伸。

凉水盆地

在图们与珲春交界的地方有一个小型盆地，因图们凉水位于盆地之中，故被称为凉水盆地。就如其西边的图们盆地一样，凉水盆地也是一个受延吉—珲春断裂带控制的小型新生代断陷盆地。盆地的东、北、南三面均为盘岭支脉所环绕，地势北高南低，周围山地以低山为主，海拔在300—400米之间。盆地南缘的图们江水流较缓，江中散布着多个江心洲。34.5千米长的石头河从北

已被开垦成为耕地种植水稻及其他经济作物。

至南流经凉水境内，与转向西南再折向南流的图们江形成一个海拔约70米的洪水冲积扇平原，面积约56平方千米。河流沿岸的冲积平原被开辟为水田，种植水稻。在石头河东侧的盆地边缘，有相对高度为20—30米的河流阶地以及台地。由第四纪黄土状亚黏土或古、新近纪砂砾岩组成的台地，被众多东西平行流淌的大冲沟切割成梁状。

东大砬子是海西时期地质运动过程中形成的褶皱山系，岩石以花岗岩为主。

帽儿山

延吉南郊与龙井交界之处，有一片宽10—30千米的丘陵台地，海拔300余米。在这连绵台地之上，突兀耸立着一座海拔517米的山峰，犹如一顶草帽，当地人称之为帽儿山。帽儿山由主要为中酸性火山岩的岩体组成，山势较陡，顶部附近有30°左右的陡坡。山上森林植被丰富，生长着松树、榆树、杨树以及各种灌木，已被辟为森林公园。山的北部是延吉—朝阳川盆地，西部是万亩苹果梨园，东南部是龙井盆地，海兰河蜿蜒流过盆地形成海兰河平原。

地势相对较高的帽儿山连接着延吉盆地和海兰河平原。为保护这两地，渤海国、辽金时期，人们充分利用它高耸的地势，在山顶设置烽火台、瞭望台。如今，山上还保留有用火山岩碎石块堆砌而成的墩台遗址，高约3米，顶部直径6—8米。

东大砬子

在龙井东北部，有一片突兀的菱形土地延伸至延吉西部边境，其北端与延吉三道湾南张芝村相连，那里耸立着一座海拔900米的大山——东大砬子山，为两地的界山。该山是南北走向的东大砬子的最高峰，其周围还有几座海拔600米左右的山峰，如海拔674米的平峰山、海拔527米的蘑菇顶子等。东大砬子北起哈尔巴岭四方台，南抵布尔哈通河北岸，南北长约40千米，贯穿延吉中部和龙井西北部。在满语中，砬子是"陡峭的石头山"的意思，而东大砬子也确实是岩石裸露且陡峭。

东大砬子属于延边海西期褶皱系，山体岩石也多以花岗岩和火山岩为主。山上森林资源较为丰富，生长着柞树、桦树等次生林，但靠近布尔哈通河的南段，山坡多被开垦为坡耕地，植被以灌木为主。

方台岭

延吉东北部与汪清西南部接壤，在交界处坐落着一座近西北—东南走向的山岭，将嘎呀河与依兰河分隔开来，这座分水岭就是方台岭。山岭北起哈尔巴岭位于大石头镇境内的支脉，向东南延伸至图们石岘下嘎村，长约80千米。作为哈尔巴岭支脉的方台岭，因山顶

千百年来被侵蚀成裸露且陡峭的山体。

平缓近方形而得名，受延边海西期褶皱系的影响，它的山体岩石构成以花岗岩为主。在平均海拔600米左右的山岭上，耸立着四方台（海拔1044米）、望海塔（海拔789米）、源水洞岭（海拔697米）、国旗梁尖（海拔695米）等山峰，其中最高峰是四方台。受地势影响，方台岭南北两侧植被有一定的差异性，南侧森林以柞树为主，北侧则多为柞树和桦树。

延吉河

自龙井的朝阳川正式由延吉托管之后，延吉境内重要的河流就有4条：除跨区域的布尔哈通河、海兰河，主要流经朝阳川的朝阳河外，另一重要河流就是延吉河。延吉河最早被称为烟集河，一说是河床上常年烟雾缭绕；另一说是河流东部的延吉盆地内烟雾笼罩，因此延吉最初被称为烟集，烟集河也由此得名，且这一名称沿用了很长时期。延吉之所以烟雾弥漫，与延吉盆地中央气压低且位于背风坡的地理环境分不开。

作为布尔哈通河的一级支流，延吉河发源于朝阳川北部，河源海拔775米。在朝阳川境内的长新村和长胜村，延吉河源头绕了一个半圆，而后流入依兰河境内，经八道、龙兴洞、石人、水库屯、利民、新兴屯、龙南屯、兴安等村屯，在延吉市区汇入布尔哈通河，河口的海拔是175米，相对于河源，落差达600米。延吉河全长约41千米，途中接纳有三山村沟、黄草沟、小烟集河等河流，流域面积为295平方千米。河流上游流经山地丘陵区，到了下游就进入平坦盆地，沿岸是延吉重要的农业区。

朝阳河

发源于哈尔巴岭山脉南麓的朝阳河，自北向南贯穿延吉西部。朝阳河从延吉西北部发源，流经三道湾的梨树沟、平岗、东沟林场、柞木台子、小五道、大五道、龙水坪、新兴坪，而后进入朝阳川的小鹁鸽砬子、仪凤村、长新屯、永坪屯、横道子、富裕屯，在朝阳川大东村东侧汇入布尔哈通河。尽管河流仅长78千米，平均水深不足半米，但它却滋润了772平方千米的土地。在三道湾境内，朝阳河沿岸多为林地和草场，耕地面积不大，是林业和畜牧业的主要场所；进入朝阳川后，地势渐趋平缓，河流沿岸形成泛滥平原，是当地重要的农耕区。

长新
长胜
北
延吉河
石人
水库屯
利民
新兴屯
龙南屯
兴安
小营河
布尔哈通
延吉市
朝阳川

延吉河河道示意图

朝阳河两岸的泛滥平原上堆积着洪水冲刷下来的砾石。

昆石列山与天佛指山、老龙八山、郭将峰山呈一列分布于龙井南部。

琵岩山山势舒缓低矮，周边为小平原。

昆石列山

长白山脉支脉的南岗山从安图、和龙延伸至龙井境内，在龙井南部耸立着3座海拔超过1000米的高峰——昆石列山、天佛指山和老龙八山。其中，坐落在白金境内的昆石列山海拔1331米，是龙井第一高峰，另外两座山的海拔分别为1226米和1107米。

昆石列山山高谷深，地势陡峭，它与天佛指山、老龙八山、郭将峰山等山峰形成一条东北—西南走向的分水岭线，分水岭南北两侧各有3条和4条大的沟壑。山上覆盖着以酸性岩森林灰棕壤为主的土壤，赤松林生长茂盛，也盛产松茸。

琵岩山

平均海拔仅250米的琵岩山，距离龙井城区西约3000米，是长白山支脉之一的英额岭的一部分。其最高峰海拔为495米，西与和龙毗邻，南触海兰河，山体总面积约4.5平方千米。从和龙流入的海兰河在龙井边界绕了一个弯，从西南向东北流去，绕经琵岩山的西南部和东南部，侵蚀出陡峭的山坡，相比之下，其东坡和北坡则地势舒缓。琵岩山东部是细田小平原，站在山顶能俯瞰龙井城区全景；西部则是龙井境内的平江小平原，隔海兰河与琵岩山相望，地势从南向北倾斜。

地处温带大陆性半湿润季风气候区，又有充足水源，相对较好的气候环境使得琵岩山早在新石器时代就有远古人类居住，直至现代，琵岩山周围仍是人类活动密集区。

水源充足的龙井盆地为本区重要的稻作农业区之一。

龙井盆地

作为延吉盆地组成部分的龙井盆地，其地质构造与延吉—朝阳川盆地一样，都是受延吉—珲春断裂带控制而形成的中生代地堑盆地，龙井南部大都在其范围内。

龙井盆地东西长约40千米，西起和龙八家子西部，东至龙井东胜涌；南北宽约15千米，南接南岗山，北部是与延吉接壤的丘陵台地区，由此与延吉—朝阳川盆地隔开。海兰河从西向东贯穿整个盆地。琵岩山南北成一线，恰好位于龙井盆地中段，遂将龙井盆地分成东西两部分。西端盆地海拔300米左右，受海兰河水灌溉的细田平原多被开辟为水田。盆地东端海拔比西端略低，约为200米，海兰河冲刷而成的泛滥平原宽3000—5000米。龙井盆地南侧的南岗山地，多为海拔500—800米的低山，山体岩石多为海西期花岗岩和早古生代变质岩组成。在山地前缘，龙井—智新—开山屯一带，地势低缓，覆盖有白垩纪砂砾岩。这片丘陵地区曾经是沉积盆地的一部分，后来由于新构造运动上升而被侵蚀切割成现在的地貌。白垩纪砂砾岩也广泛出露于盆地北侧的丘陵台地区。

盆地四周的丘陵台地以及河流高阶地，多被开辟为旱田，是玉米、高粱、苹果梨和黄烟的主要产地。海兰河左岸，盆地北侧台地南坡，是龙井万亩苹果梨园所在地。在海兰河及其支流长仁江、二道河等河流沿岸，形成狭长的平原。尽管受地貌影响，平原的气候相对干旱，蒸发量大于降水量，但区内水源充足，所以仍是当地重要的水稻种植区，著名的海兰河大米就产自这里。

药水洞矿泉

在长白山东麓，龙井南部智新河南村水曲柳沟的山涧河谷中，流淌着具有药效的泉水，被称为药水洞矿泉水。早在伪满洲国时期，就有关于人们来此取水饮用、洗浴及治疗疾病的记载，是当时延边地区唯一的药水泉。

药水洞矿泉处在早古生代龙村群大理岩与加里东期英云闪长岩、细粒闪长岩接触部

药水洞矿泉属于碎屑岩类孔隙裂隙水，洞中的岩石疏松多孔，起到天然的过滤作用。

位，以及与北东向的压扭性断裂带的交会部位。在智新一带的丘陵台地中，出露有大量白垩纪砂砾岩，故在地下水构成类型中，药水洞矿泉属于碎屑岩类孔隙裂隙水，泉水流量一般是50立方米/天。不同于珲春草帽顶子山矿泉的极冷泉，药水洞矿泉的温度可达82℃，据此可知泉水的循环深度为2300米，甚至更深，是一种深循环地下水。这种地下水在高温、高压的环境中循环流动时，溶解了可溶性矿物成分，富含锶、硒、锂、锰、锌等微量元素。当地下水在流动过程中遇到北东向的压扭性断裂阻挡时，便随着断裂缝隙上升而溢出地表。在这个上升过程中，地下水依然继续进行着溶解、沉淀、降温等活动。天然降水是药水洞矿泉水源的主要补给方式。

六道河·八道河

龙井南部多山地、丘陵，发源有众多河流，自南向北汇入海兰河，六道河、八道河即是其中两条。六道河发源于龙井智新境内的南岗山北麓，向北流经城南、大砬子、长财、水东、中东屯等村屯，在龙井市区的体育场南部与海兰河

六道河支流众多，丰水季节水流汇汇合，干流全长45.5千米，河面大约宽100米，有支流汇入，流域面积为214平方千米。六道河及其支流的地表径流相对比较丰富，其中在一条从白金发源的支流上，就修建有大新水库。该水库的水源一部分来自天然降水，另一部分则来自地下水——以花岗岩网状裂隙水为主的地下水形成泄流泉流入沟谷，汇入水库内。

八道河位于六道河东部，二者的上游河段几乎平行。这条河发源于龙井德新金谷村的金谷山，向北流经松林洞、南阳后，转向东北，经德新龙岩、开山屯吉城、新兴等村屯，在开山屯石井村注入海兰河。八道河的河流长度与六道河相差

集，河面变得开阔，但在枯水季节则水量较少，部分河漫滩出露。

无几，全长约44千米，但河面宽度却远窄于六道河，只有30米宽。由于八道河没有较大的支流汇入，流域面积相对较小，约为150平方千米，年径流量当然也远小于六道河。八道河因河流源头由8条小溪沟汇聚成而得名，在河源附近修建有金谷水库。两条河流的下游沿岸，形成了面积较为狭窄的河谷平原，是该区域重要的水田分布区。

福成沼泽

安图明月以西约20千米处，有一片面积为16.5平方千米的湿地沼泽，即福成沼泽。这片湿地与其相距不远的亮兵台沼泽皆属布尔哈通河造就的河流湿地。在图们江流域的湿地类型中，福成沼泽属于苔草沼泽，植被以低矮苔草为主，伴生有小白花地榆、水湿柳叶菜等。

福成位于布尔哈通河河源地带。布尔哈通河发源于哈尔巴岭南麓，该山脉夏季温暖多雨，降水较为丰富，而山脉南坡又处于迎风坡，山体上部的土壤主要是渗水性能不好的黏土，降水难以通过垂直渗透排泄，多形成地表径流。因此，布尔哈通河上游两岸和支流沟谷中容易发育成典型的树枝状分布的湿地。

在福成和亮兵台一带，河流河漫滩上和坳沟底部形成修氏苔草沼泽，地表积水既有常年性的，也有季节性的。沼泽土壤为泥炭土，发育在玄武岩台地上，厚度仅有1米左右，相对较薄，全新世时期由森林草甸沼泽转变而成。而在这类沼泽外围则是杂类草—修氏苔草沼泽，积水为季节性的，与坡地上的森林生态系统相连接。沼泽的水源供给主要来源于降水和地表径流，也有一部分是地下水以及冻土中存留的水分。

布尔哈通河上游的河漫滩、阶地和坳沟上的沼泽易于排水，自20世纪60年代起，自然湿地被改造为人工湿地，使得湿地的生态系统格局发生巨大变化，植物群落和动物群落的多样性逐渐减少。

明月湖四周植被丰富，水土涵养条件良好。

明月湖

明月湖，其确切的称呼应该是安图水库，因其坐落在安图明月境内，故得此雅称。这座距离安图县城以西5000米的水库，因拦截布尔哈通河支流福兴河而成，是一座集灌溉、防洪、发电和养殖于一体的综合性水利枢纽工程，控制流域面积达370平方千米，总库容4746万立方米。主要的水源是发源于荒沟岭东北的福兴河，全长31千米，明月湖位于其下游，属延边地区的中型水库。

水库四周高峰林立且林深树密，具备良好的涵养条件，而且水质状况也属优良。湖中生长有大量的鲤鱼、草鱼、白鲢鱼等多种淡水鱼类。不仅如此，随着近年来安图生态环境的不断改善，以及人与自然关系的认识不断提高，在湖区上游的湿地里开始有野鸭在此安营扎寨，并且数量还在不断增加之中。

大荒沟

延边山地区域内，属松花江水系的河流并不多，流经安图的古洞河是其中典型的一条。它的支流——大荒沟，发源于安图与和龙交界处的荒沟岭南部。海拔600—700米的荒沟岭是福兴河与古洞河的分水岭，北接牡丹岭、南触英额岭与甑峰岭接合部，呈西北—东南走向的山体由花岗岩组成，长27千米。山岭地势北部陡峭，南部低缓，低缓坡地多被开垦成坡耕地，因此大荒沟源头处有局部地区出现水土流失现象。

河道全长35千米的大荒沟先是自东南向西北流淌，经大荒沟林场后折向西南，流经参场屯后，在新合立新站北流入古洞河，沿途接纳有闹子沟、荒沟岭河等支流，流域面积为174平方千米。如同这里大多数河流一样，大荒沟也属于季节性河流，每年11月至翌年4月为封冻期。

甑峰山

和龙境内海拔超过1000米的山峰有56座，坐落在和龙西部的甑峰山海拔1676米，是和龙的最高峰，同时也是延边地区最高峰。甑峰山又叫枕头峰，是纵贯和龙西部的长白山余脉甑峰岭的主峰，地处六道沟—天池—甑峰山断裂带，属于火山活动频繁区域。它的山体主要由玄武岩构成，火山熔岩填充着山峰周围的谷地。甑峰山西部是长白山熔岩台地，东部则是和龙盆地，东坡地势缓和，北坡则显陡峭。在其西北部有一片高山沼泽湿地老里克湖，是海兰河的发源地。延边地区分布最广的土壤类型是灰棕壤，而甑峰山上的土壤则以灰化土为主，虽然不适宜用作农地，却是针叶用材林生长的极佳土壤，故而山上森林茂密、植物

大荒沟流经甑峰岭、英额岭等高峻山区，四周荒野茫茫、林荫遮天。

由玄武岩组成的军舰山，因外形酷似舰艇而得名。

种类繁多，是吉林森林资源的重点保护地区之一。

军舰山

紧靠图们江左岸的和龙崇善，是个山区镇，南部与长白山主峰相连，又位于图们江上游地区，整体地势较高。在该镇北部坐落着一座外形酷似大型舰艇的山峰——军舰山，山体呈北东向（"舰头"朝东），面积不大，长约1200米、宽400—1000米、海拔775米，由玄武岩组成的山体层次分明，形成平缓波浪状的玄武岩熔岩台地，东西两侧山坡陡峻，植被茂密。

军舰山山体的玄武岩形成于第四纪早更新世时期。由于地质学家以它的山体剖面为典型剖面，因此，这种岩石被命名为军舰山期玄武岩，广泛分布于长白山天池周围和图们江沟谷。

这种玄武岩主要为橄榄玄武岩（含斜长石斑晶），平均厚度超过110米。玄武岩浆沿着裂隙流溢出来，并在断裂交会部位形成火山锥。军舰山即是在这种地质活动中形成的山体。

和龙盆地

如同周围的龙井盆地和延吉盆地一样，坐落在和龙中部偏东北方向的和龙盆地也是一个中生代断陷盆地；不过在地质构造上，前两者属于延边海西期褶皱系，而后者则是属于华北地台。和龙盆地受青龙大断裂控制，近南北向延伸，长30千米、宽约8千米，内部有较厚的白垩纪陆相碎屑岩沉积。盆地东、西、北面分别为南岗山、甄峰岭和英额岭所环绕，地势从西南向东北倾斜。

海兰河上游从西南向东北斜穿盆地，河流两岸形成宽仅1000—3000米的狭窄河谷平原，海拔超过400米。平原上有大片水田，是和龙重要的水稻种植区。河谷平原两侧是相对宽阔的、由白垩纪砂砾岩组成的台地，地势比平原高出了20—100米。台地上方覆盖有厚度不等的黄土状土壤，由于河流和沟谷的作用，多被切割成梁状。台地是平原与丘陵、山地的连接过渡地带，土地多被开辟为旱田和果园，种植有大豆、高粱、亚麻、烟草和苹果梨等。其外围的南岗山、甄峰岭、英额岭等山脉海拔都超过千米，为中山和低山区，山体岩石也主要由海西期花岗岩和太古宙变质岩组成。

仙景台花岗岩

在和龙南坪境内，距离图们江8000米的长白山麓，有一片以花岗岩为主的地貌景观。其地势高耸，奇峰怪石繁

和龙盆地地貌示意图

多，常被云雾环绕，犹如仙境。传说，渤海国文王大钦茂将都城迁往今和龙境内的中京显德府后，经常去铁州看制铁业的发展状况，有一次来到此处被这里的云山雾海所吸引，脱口说出"仙景台"三字，遂有此名。至今，山上还保留有据传是大钦茂游历时的旧址。

仙景台花岗岩是在长白山与图们江这两个延边地区最重要的地理事物的活动作用下形成的。中生代期间，长白山周围广泛分布有花岗岩，并发育有一系列陆相沉积盆地，从而构成了该地区中上层地壳独特的结构。新生代第四纪期间，长白山山系上升，和龙盆地内的仙景台花岗岩就此出露地表。仙景台花岗岩结晶粗大，透水性强，岩体中各类节理、裂隙发育，经过长期的风化剥蚀和图们江水的冲刷，形成了这一带独特的花岗岩地貌景观。

仙景台的花岗岩地貌以险峻的山峰、奇异的岩石等形态呈现。例如，海拔高920米的三兄峰，是花岗岩多组裂隙和层状风化的结果；高丽峰海拔845米，是弧形花岗岩地貌山峰，局部地方经历球状风化，岩石姿态各异；海拔超过800米的长寿峰和独秀峰是花岗岩石多组裂隙和层状风化形成的岩石峰；象鼻岩是花岗岩在雨打风吹日晒作用下风化而成的如象鼻的岩石……

老里克湖

坐落在和龙与安图交界处的甑峰山，其北坡海拔1470米的地方，密林中隐藏着一个面积约30万平方米的湖泊，即老里克湖，它的东南、西南、西北三面环山。"老里克"在满语中是"长脖子"的意思，可能缘于当地有众多白鹭、仙鹤

老里克湖属于高山季节性湖泊，每到枯水期，湖底和岸边便长满植物，难见湖水。

等长脖子动物栖息。其名称由来还有其他一些传说，比如一位人称老李嘎的朝鲜族老人在此定居、名叫劳力克的美国飞行员曾跳伞降落在此地等，因传说人物名字谐音为"老里克"，故名。

与其说老里克湖是一个湖泊，不如说它是沼泽来得更为恰当。老里克湖属于高山季节性湖泊，只在丰水季节才会积水成湖，湖面东西长650米、南北宽310米；但一遇到枯水期，水面就消失，湖底、岸边长满以乌拉草为主的水草，成为一片沼泽，是典型的高山湿地。边缘的塔头墩子上，群生珍贵的越橘。从这里溢出的水流，在东北面较低处流入乱石滩而成为暗流，又在800米外流出地表，成为海兰河的源头。由于地势高峻，老里克湖的天气变化无常、云雾缭绕、乌云密布、雷电交加、瓢泼大雨抑或晴空万里，这些天气可能在一天之内全部发生。

大马鹿沟河

从和龙西南部崇善长山岭东麓发源的大马鹿沟河，是红旗河最大的支流。河水由南向东北流淌，流经长红林场、长山岭林场、长森岭，在龙城三养屯东北流入红旗河。全长52千米的河道沿途纳有双叉沟、长红沟、大马鹿支沟等支流，河流总落差近600米。大马鹿沟河流域面积近600平方千米，与红旗河流域的气候一样，同属于冷凉区。它的上游山高谷深，分布有山间河谷谷地。大马鹿支沟是大马鹿沟河最大的支流，发源于和龙西南境的长山岭（海拔1376米）西麓，流域面积为200平方千米。36千米长的河道自西向东北流淌，在长山岭林场东部注入大马鹿沟河。

新丰河

发源于和龙中部的新丰河，是图们江上游的一级支流。河流从南坪境内的南岗山发源，由西向东经源水林场，而后再折向东南，经涌泉、新丰屯、竹林后，又转向东北，在南坪芦果村流入图们江。这是一条山溪性河流，沿岸多为山地丘陵，158平方千米的流域内，气候属冷凉、温冷区。新丰河全长36千米，平均水深约1米，河水水面宽约11米，河流落差将近600米。

柳洞河

和龙中南部的诸多河流大都直接注入图们江中，位于和龙中部的柳洞河也不例外。

大马鹿沟河、新丰河、柳洞河及红旗河道示意图。红旗河流经多个村庄，已成为沿岸居民的重要水源（小图）。

亚东水库由大坝截长仁河而成,经蓄水后水面上升,使原本兀立在平地的山体变成了湖中小山丘。此外,水域起到了良好的环境调节作用,使得当地空气湿度增大、气温年际变化减小,形成稳定的局部小气候。

作为图们江的一级支流,全长33.5千米的柳洞河发源于南坪西北部,有南北两个源头。北源流经兴旺屯附近,南源则出自长兴林场,两源在车场子西北处汇合,向南流至新兴洞后折向东流,经兴进、柳洞、锹田坪,在柳新村注入图们江,流域面积为292平方千米。柳洞河流经地区为南岗山地,流域内气候属冷凉、温冷区,上游植被茂密。

红旗河

论及图们江左岸的第一条大支流,非红旗河莫属,同时它也是和龙最大的图们江支流。红旗河又被称作小图们江、红溪河,发源于和龙西部龙城境内的甑峰山西北。65.8千米长的河道自西向东南流经龙城和崇善境内的许家洞林场、四场沟口、苗圃、长青林场、闭门屯、百里坪、朝阳沟、水晶洞、上天坪等村屯,在崇善古城里附近注入图们江。红旗河沿途接纳有大马鹿沟河和小马鹿沟河等支流,流域面积为1200平方千米,流域内的气候属冷凉区。

红旗河流域临近长白山火山区,火山喷发后形成了大面积的玄武岩地带。河流在玄武岩组成的河谷中奔流,宽15米左右的河床常被冲刷成"V"字形,河流两岸森林茂密,河水清澈,土壤一般较为肥沃。

亚东水库

和龙头道龙门村西南部,英额岭南麓,一道大坝拦截长仁河形成了一个集水面积为304平方千米的水库,这就是头道的两个水库之一——亚东水库,另一个是位于海兰河支流福洞河下游的石国水库。发源于安图黄泥岭南麓的长仁河全长51千米,在和龙境内流经头道的十里坪、新东村、青龙、龙门、龙坪等村屯,在头道长仁桥附近流入海兰河。长仁河的流域面积为344平方千米,流域上游的气候属温冷区,下游则属温和区。亚东水库修建在青龙与龙门之间,长仁河从水库流出后进入海兰河形成的河谷平原,也就是盛产水稻的平岗平原。

亚东水库于20世纪70年代末竣工,大坝高度达378米,是一座以灌溉为主,兼有防洪、养殖、发电等综合效益的中型水库。水库周围林木茂盛,往西2000米处是海拔500米左右的双芽山。

延边地区纬度位置较高，地处中温带季风气候区，境内如英额岭、松岭、哈尔巴岭等大山大岭之地常能看见由红松、

赤松、蒙古栎、春榆等树种组合而成的针阔叶混交林连片分布。

全区广泛分布

罗纹鸭　哈士蟆　平贝母　金达莱　白鲜　小叶椴　大叶椴　东北槭　红皮云杉　刺五加

龙牙楤木
北五味子
鱼鳞松
赤松
臭菘
棕熊
青羊鹿
马鹿
赤狐
猞猁
东方白鹳
花尾榛鸡

红松
北五味子
蓝靛果忍冬
赤松
胡枝子
黑熊
棕熊
马鹿
赤狐
猞猁
蓑羽鹤
东方白鹳
花尾榛鸡

北

太　小　绥

平　芬　岭

绥芬河市

▲鹿蔀岭

▲通沟岭

哈　老　松　岭　岭

尔　嫩江

巴　岭

高　汪清自然保护区

汪清县

▲四方台

▲磨盘山

安图县

英

额

甑　岭

峰

瓮峰山

和龙市

南　▲昆石列山

岗

岭

山

江

红松
龙牙楤木
北五味子
臭菘
蓝靛果忍冬
胡枝子
马鹿
猞猁
黑熊

大　龙　岭

盘

东宁县

青山自然保护区

湖布图河

绥　芬　河　岭

珲春东北虎自然保护区

大　老爷岭

珲　珲

春　岭

珲春市　岭

延边朝鲜族自治州
（延吉市）

仙峰国家森林公园

龙井市

天佛指山
自然保护区

图们市

图们江

滩头鱼
大马哈鱼
图们江中鮈
图们杜父鱼

钻天柳
龙牙楤木
野玫瑰
臭菘
远东豹
棕熊
紫貂
马鹿
赤狐
东北虎
猞猁
虎头海雕
滩头鱼
哲罗鱼
大马哈鱼
图们江中鮈
图们杜父鱼

胡枝子
柞树
鱼鳞松

柞树
龙牙楤木
胡枝子

地级行政单位
区/县级行政单位
山峰

延边山区地处长白山东北部，属于中温带湿润季风气候，其西南、西北、东北三面皆山地，东南面却有"开口"，正好可以阻挡干冷冬季风的入侵与迎接温湿夏季风的到来，故区内森林茂密，林木资源极其丰富。东北最具代表性的天然红松林、赤松林在汪清延吉盆地和安图英额岭一带有大片分布，且保存较为完整；林下如胡枝子、刺五加、北五味子、平贝母等野生药用经济植物种类繁多，应有尽有；东北虎、黑熊、紫貂等极具东北"色彩"的丛林动物不时出没于林间。

长白山植物区系

延边山地地处长白山东北部，其东南部与长白山中心地带接壤，区内山脉大部分属于长白山系。长白山区位于温带大陆性季风气候区，濒临日本海，潮湿多雨，植物分布呈现出典型的温带分布特征和非常明显的垂直分布规律，是东北植物区系中唯一一座有明显植被垂直分带的名山。作为东亚北部遗传资源的主要保存地，长白山区的植物在中国植物区系上属东亚植物区中国—日本森林植物亚区的东北地区，延边山地植物也属于长白山植物区系。

长白山区植被景观从上到下，可划分为海拔1900米以上的高山苔原带、海拔1700—1900米的亚高山岳桦林带、海拔1100—1700米的暗针叶林带，还有多分布在海拔1100米以下的阔叶红松林带。当然，相邻植被带之间的界线并不是非常清晰。随着海拔的降低，相应植被带的物种数量越来越多，其中阔叶红松林带的植物种类多于其他三个植被带的植物种类之和。不过，延边山地整体海拔在1000米左右，因此高山苔原带和亚高山岳桦林带在区内基本没有分布。其森林植被的垂直分布从上到下依次是冷杉云杉纯林、针阔叶混交林、阔叶混交林和柞木林。受地貌、母岩、气候、植被等因素影响，区内的土壤类型也呈现出明显的垂直带谱特征，主要包括山地生草森林土、棕色针叶林土、暗棕色森林土、白浆土等，还有沼泽土和草甸土。

长白山植物区系种类非常丰富，维管束植物就有105科336属610种。种子植物的优势表现明显，菊科、蔷薇科、毛茛科、百合科、豆科、唇形科、虎耳草科等科属植物为主要组成部分。此外，长白山区还发育有中国特有的两个植物属：大叶子属和槭叶草属。其特有植物种类包括人参、东北刺人参、长白高山芹、朝鲜崖柏、长白鱼鳞云杉、毛毡杜鹃等。火山喷发形成的山体及自然环境的复杂性，使得历史悠久的长白山保存有许多残遗植物，如中生代就已出现的松属、胡桃属、五味子属、南蛇藤属等；新生代古、新近纪兴起的枫杨属、榆属、椴树属、葡萄属等——这种古老特性在延边山地植物种类上也得到了体现。

鸟青山自然保护区

东宁地处中俄边界，老爷岭支脉从境内穿过。在老爷岭支脉的低山丘陵地带，一个面积为257平方千米的保护区——鸟青山自然保护区于2007年在东宁建立，保护对象为具有典型代表性的温带针阔叶混交林生态系统及栖息其中的珍稀野生动植物。保护区内地势东北高西南低，境内最高海拔812米，最低海拔约330米，在地质构造上属于兴凯

阔叶红松林是本区长白山植物区系的重要植被。

湖—不列亚山地块区。

作为一个森林生态系统类型的地区，鸟青山自然保护区的植被属长白山植物区系，有被子植物508种、蕨类植物37种、苔藓植物32种，其中有重点保护的珍稀野生植物黄檗、水曲柳和紫椴。森林是区内最主要的植被类型，此外还有草甸、沼泽、水域植被。由于与俄罗斯接壤，植被作为国防林没有遭到大规模的开发采伐，使得保护区动植物种类组成具有稳定性和典型性。本区动物在地理区划上属于古北界东北区长白山亚区，以温带栖息类为主，种类包括鸟类170种、鱼类25种、兽类44种等，还有爬行类、两栖类多种。其中，重点保护的兽类有梅花鹿、豹、黑熊、金雕、猞猁等8种，鸟类则有鸳鸯、花尾榛鸡等24种。这里还是东北虎游荡区，毗邻的俄罗斯境内分布有小种群的东北虎，因此该保护区成为野生东北虎的生态廊道，有利于中国境内野生东北虎种群的恢复。

仙峰国家森林公园

坐落在和龙西部甑峰岭上的仙峰国家森林公园，是一个以先锋林场为核心的森林公园，东西宽约20千米、南北长约14千米，总面积191平方千米。该区域内繁衍着众多珍贵的植物和动物，海拔1000—1200米之间分布着面积约30平方千米的天然次生林，海拔1250米以上则是面积约4平方千米的原始红松林，由于人类很少踏足于此，有的红松树胸径甚至达到2.6米。在天然次生林和原始红松林间，分布有一片面积为14平方千米的玄武岩台地。台地南北延伸长约5000米，地表裸露，是仙峰国家森林公园的中心——仙峰。仙峰台地为剥蚀残留台地地貌，平均高差为60米，台地上山峰耸立，怪石嶙峋。

仙峰国家森林公园地处温带半湿润气候区，气候湿润，降水较多，冬季也多雪，松花江水系的古洞河、图们江水系的二道河就从这里发源。森林公园的西部是海拔1457米的老岭，每年11月末至翌年2月末这里就会发生雾凇。因为这里地势低缓，湿地较多，大量潮气的散发促使森林雾凇的形成。

汪清自然保护区

汪清自然保护区地处中低山丘陵区，峰峦叠嶂，沟谷纵横，河网密集。它由杜荒子林场、金沟岭林场和塔子沟林场组成，这里有保存完好的植物原生地和野生动物栖息地，面积达357平方千米。主要的保护对象是濒危的野生东北红豆杉、黄檗、水曲柳等古老科属植物，还有长白松、人参、红松、松茸、紫椴等地域性植物，以及红豆杉赖以生存的针

坐落在甑峰岭上的仙峰国家森林公园。

汪清自然保护区内溪流密布，林木丛生，森林生态系统完整。

阔叶混交林生态系统。除了丰富的植被资源，汪清自然保护区还生活着241种脊椎动物，其中金雕、紫貂、原麝等31种（鸟类25种，兽类6种）属重点保护动物。

据统计，保护区内最具特色的植物东北红豆杉，有将近52万株，是中国境内东北红豆杉分布最为集中的地区；其次是汪清北邻的穆棱，生长着18万株东北红豆杉。东北红豆杉生活在保护区内海拔650—1000米、以红松为主的针阔叶混交林内，在排水良好的覆盖着暗棕色森林土和棕色针叶林土的山腹部、山麓或漫岗上长势良好。

天佛指山自然保护区

长白山区是天然松茸的主要分布区，其中龙井天佛指山一带的松茸产量占整个长白山区总产量的一半以上，而且还是中国唯一有代表性的赤松—蒙古柞森林生态系统，因此，中国第一个珍贵食用菌类的自然保护区——天佛指山自然保护区的建立就顺理成章了。

天佛指山自然保护区的范围主要包含龙井的三合、白金、智新3个乡镇，总面积773平方千米，分为核心区（约176平方千米）、缓冲区（约110平方千米）和实验区（约487平方千米）三部分。保护区地处长白山脉东麓，最低点

海拔170米，最高峰昆石列山海拔1331米，其次是海拔1226米的天佛指山，区内有老龙八山、大脉山、郭将峰山等东北—西南走向的山岭。明显的相对海拔差异，使得保护区内的植被呈现垂直分布特征，从高到低依次为山顶岳桦、白桦林和亚高山草本植物类型区，鱼鳞云杉、臭冷杉针阔叶混交林和亚高山草本植物类型区，红松、赤松、臭冷杉针阔叶混交林和草本植物类型区，以及赤松、蒙古柞林和草本植物类型区。其中，以赤松、蒙古柞为主的针阔叶混交林是地带性植被。透水性能好的森林灰棕壤是保护区内最主要的土壤类

温带针阔叶混交林　由针叶和落叶阔叶树共同组成，是寒温带针叶林和夏绿阔叶林之间的过渡类型，在亚欧大陆的中高纬度呈带状分布，主要分布在中国东北的大、小兴安岭和长白山。该地带性植被不仅在地域上广泛分布，在山间垂直地带的分布跨度也较大，但一般不超过海拔1300米。本区属长白山余脉的老爷岭（海拔500—800米），是中国温带针阔叶混交林的最南端分布，它整体主要为红松阔叶混交林，与俄罗斯的沿海地带和朝鲜北部相接连，东北部则与亚欧针叶林连接，有赤松、鱼鳞云杉、红皮云杉、臭冷杉等耐寒植物混生其中。

型，这种偏酸性的土壤最适宜赤松林生长，也是松茸的主要产地。区内分布的被子植物有412种，真菌植物76种，蕨类植物47种。

森林密集，河网广布，也使区内蕴藏着丰富的动物资源，其中以鸟类种群为最多，有91种，爬行、两栖类动物20种，鱼类38种。被列为"东北三宝"之一的紫貂在保护区内有分布，是国家一级保护动物，还时有出现雁隼、红脚隼、长尾林鸮、鹊鹞、大马哈鱼、斑头鱼、日本七鳃鳗等动物。

松山划归林

东宁南端与俄罗斯接壤的地方有一片呈等腰三角形的原始森林，面积为10.44平方千米，有两个东宁县城大小，这就是松山划归林。历史上，这里曾被划入俄国的版图——1860年中俄在瑚布图河源山顶上立木制界碑，但俄方在1885年暗地里将界碑位置向中国方向移动2000米，松山"被窃"而成为俄罗斯的领土，直到1999年中俄重新勘界，松山才回归中国。因这块划归的领土上生长着茂密的原始森林，因此被称为"划归林"。

松山划归林是一片封闭度达到90%以上的原始森林，植物群落比较单一并且原始，主要由纯松树林、松树桦树混交林和柞树林组成。高大挺拔的松树密布林间，百龄老树树干粗壮，胸径在30—60厘米不等，有的甚至超过1米。林间的芍药花开得如碗口般大小，中药草种类繁多、长势茂盛，珍贵的野生灵芝和人参也在这里恣意生长。苍鹰、山鸡、啄木鸟、松鼠、乌鸦、黑熊、野猪、山兔等在山下难得一见的飞禽走兽，在松山的密林中随处可见。

赤松林

赤松林是以阳性树种赤松为建群种而构成的先锋植物群落，分布于中国东北、日本以及朝鲜半岛。其在延边的天然分布范围很广：以延吉盆地为中心，向南向东与中朝、中俄边境相连，向北延伸到汪清的春阳、罗子沟一线，与东宁的赤松林相连；西部分布至安图亮兵台和英额岭东坡一带。延边地区的赤松林受到长白山植物区系、西伯利亚植物区系、蒙古植物区系的影响和作用，区系成分较为复杂，以东亚植物区系成分最多，占1/3以上，

赤松喜光、抗风，对环境适应能力强，常作为抗风树种分布于辽东、胶东、江苏等沿海山区及平原地区。延吉盆地边缘的山地丘陵上分布着本区最大的天然赤松林，向南甚至与朝鲜、俄罗斯边境相连。

红松（左图），树皮灰褐色，树干极其粗壮，直径可达1米；鱼鳞松（右图），树皮灰色，剥裂如鱼鳞状。

其次是长白山植物区系成分。

赤松是温带和寒温带树种，其适应的环境很广，从土壤条件较好的地区，到干旱瘠薄的斜坡、陡坡山地都可生长。在延边地区，赤松林多分布在海拔300—800米的丘陵坡地旱生环境中，并随着海拔的降低而分布减少。其在向阳坡中上部形成小面积的纯林，在山脊、陡峭的山崖以及岩石裸露的立地上呈散生状态或小簇状分布。区内植被比较简单，一部分赤松与蒙古栎、黑桦等混生成针阔叶混交林。林内生长于暗棕壤上的植物种类也不多，主要有胡枝子、兴安杜鹃、托盘、刺玫果、茶条槭、榛子、羊胡子苔草、野古草、瓦松、桔梗等灌木和草本植物。根据林内物种组成及其生境，可将赤松林分成杜鹃赤松林、胡枝子赤松林、榛子赤松林和草类赤松林等几个类型。杜鹃赤松林分布在海拔400—700米的山脊、阳坡等地，其林龄较长、植被稀疏、密度小。胡枝子赤松林多分布在杜鹃赤松林以下海拔200—550米之间的山地中上部，是较好的用材林。

红松

长白山区具有地球上同纬度地区保存最好的森林生态系统，分布有东北最具代表性的森林类型——以红松为主的针阔叶混交林。区内的红松是中国保存较为完整的两片红松林原始群落分布区之一，另一处在小兴安岭。红松是一种珍贵稀有的树种，中国东北、日本、朝鲜和俄罗斯部分地区是其主要分布区域，常与紫椴、水曲柳、色木槭、蒙古柞、春榆等物种构成红松阔叶混交林。在延边地区，天然红松分布在安图、和龙海拔600—1500米的山坡地带。

红松是典型的温带湿润气候树种，喜湿润环境，幼树喜阴，成树却喜阳。它能适应冬季零下50℃的寒冷气温，在土层深厚、湿润、排水和通气良好的偏酸性腐殖质土壤中生长良好。不耐湿、不耐干旱、不耐盐碱等特性，也使红松的分布限制在特定环境。

作为一种常绿针叶乔木，红松的树皮为灰红褐色，木材颜色黄白带有微红，因而得名红松。其高可达30米，树干非常粗壮，有的胸径达到1米，再加上木质结构细腻，纹理密直，耐腐蚀性强，是上等的用材木料。红松的树冠呈圆锥形，树枝平展，长6—12厘米的针叶，5针一束。每年6月开花，到翌年9—10月球果成熟。

天然红松林在地球上经过了漫长的演化更替。它们的生长期长达六七百年，树龄400年也只是壮年而已，因此成为长寿的象征。

鱼鳞松

鱼鳞松又叫鱼鳞云杉，属松科冷杉亚科云杉属，因暗褐色或灰色树皮如鱼鳞状剥裂，故名鱼鳞松。它能适应低温严寒的气候，主要分布在中国东北、日本和朝鲜等地。在东北的分布，又以大兴安岭、小兴安岭、完达山脉、张广才岭、长白山脉地区最为集中。本区

域内的汪清和图们等地也可见到天然鱼鳞松的身影。

鱼鳞松是一种阴性树种，适宜生长在土层深厚湿润、排水良好的偏酸性棕色土壤中，它如红松一样不耐干旱、瘠薄、盐碱的生境。鱼鳞松的树干高大粗壮，高可达20—40米，雌雄同株，有圆锥形的树冠，扁平条形状的叶子，圆柱形的球果。

在海拔300—2000米的山坡上，鱼鳞松往往与红松、臭冷杉、枫桦、色木槭、紫椴等树种混生，偶尔也聚集成小片纯林。根据树皮开裂方式和鳞块大小，鱼鳞松可分为粗皮鱼鳞松和细皮鱼鳞松，前者树皮粗糙，裂片大而深，皮孔不明显；后者树皮光滑，不开裂，白色皮孔明显。相比粗皮鱼鳞松，细皮鱼鳞松的生长速度要快，生长量一直呈上升趋势，且树冠更长，投影面积更大。因此作为经济林来选育配种时，细皮鱼鳞松更具有优势。

作为东北重要的用材树种，鱼鳞松木材柔软，是造纸、家具、建筑等领域良好的用材原料。热爱歌舞的朝鲜族人就采用长白山上生长的纹细质松、易于振动的鱼鳞松来制作传统乐器伽耶琴的面板。

红皮云杉

红皮云杉又叫红皮臭，属松科云杉属云杉组，主要分布在小兴安岭、张广才岭、完达山脉、长白山脉，其中以小兴安岭和长白山区的分布较为普遍，辽宁的昭乌达盟、内蒙古的锡林郭勒盟也有分布。红皮云杉性喜湿润，除沼泽地带以及干燥的阳坡处之外，其他类型的立地条件都能生长。受气候、地貌以及经纬度因素的影响，红皮云杉的分布可划分为5个天然气候区：长白山气候区，老爷岭、张广才岭、完达山气候区，小兴安岭气候区，大兴安岭北部气候区，以及大兴安岭南部气候区。

云杉是一个具有广泛的地理变异的树种。在不同的生态环境中，由于自然选择和遗传分化的结果，红皮云杉呈现出各异的生态习性。在小兴安岭，红皮云杉主要分布在海拔300—500米的平缓谷地；在张广才岭，其生长的山地海拔在600—900米之间；在大兴安岭地区，仅少量分布在其东部的呼玛河、阿穆尔河流域的河谷低地；而在长白山区，其分布的范围在400—1600米之间。延边山地地处长白山北端，区内各县市海

左图：树冠呈宝塔形的红皮云杉。右图：柞树在本区广泛分布，虽未作为景观树木种植，但秋冬时节转为金黄，亦

拔500—1800米的针阔叶混交林和针叶林带的湿润山坡、平地或河岸上，可见红皮云杉的身影。

红皮云杉是东北林区重要的用材树种，高可达30米，树皮灰褐色或淡红褐色，树冠为尖塔形。其最大的特点是后期生长速度非常快，常与红松、鱼鳞松、落叶松、水曲柳等针阔叶树混生，纯林较少。

钻天柳

作为杨柳科钻天柳属唯一的一个种，钻天柳又名红毛柳、朝鲜柳、顺河柳，主要分布在亚洲东北部，包括俄罗斯东部、中国东北、日本中北部以及朝鲜的北部。在中国东北，钻天柳从南到北数量逐渐减少，在本区主要分布在珲春土门子河的沟河滩上。

性喜湿润的钻天柳多生长在河流两岸排水良好的砂砾、碎石土壤中，常常沿河两岸生长，故有"顺河柳"之称。其根系特别发达，吸水性好，固沙、固土能力都很强，因此成为重要的速生护岸林树种之一。钻天柳早期生长速度很快，前25年是其树高增长的高峰期，前35年是其胸径增长的速生期，第15—45年是其材积生长的速生期。钻天柳的种子小而轻，多靠种子繁殖，但天然更新非常困难，现在存留下来的天然林极为罕见，因此已是三级保护树种。

钻天柳高可达30米，干形通直，树冠呈阔卵形或近似圆球形，为雌雄异株落叶乔木。它的材质轻软、纹理密直、纤维长，在纤维制造、造纸、箱板等工业中被广泛使用。

是自然形成的一大景观。

柞树

柞树又叫栎树、橡树，是壳斗科栎属树种的统称。栎属，意即"美丽的树木"，全世界约有350多种，其中中国东北分布有8种：蒙古柞、东北栎、辽东栎、槲栎、麻栎、桂皮栎、青冈树和尖齿青冈树。本区生长的柞树多为蒙古柞，为中国分布最北的柞树树种，非常耐寒。由于区内蒙古柞原始森林遭到破坏，现在常见的为蒙古柞次生纯林。

蒙古柞树冠疏开，叶片宽大，为落叶乔木。因其极强的耐寒性，蒙古柞分布范围极广，从中国的东北、华北，到俄罗斯西伯利亚地区、朝鲜和日本都可见，本区主要见于图们、龙井等地。在海拔200—600米的向阳坡地或低山丘陵地带，蒙古柞或簇生形成柞树岗，或与红松混生构成胡枝子—蒙古柞林、杜鹃—蒙古柞林和榛子—蒙古柞林。其中，胡枝子—蒙古柞林是柞树中分布最广的森林类型。蒙古柞根系发达，幅度与长度远远超过树冠，还有较强的抗风能力，耐干旱瘠薄的环境，在砾石土壤或陡坡上能够生长，并能分泌根酸溶解母岩加速成土，可防止水土流失。蒙古柞是一种落叶乔木，但是它的树叶并不在秋冬季节掉落，而是等到第二年春天枯叶才飘落下来。

柞树的用途非常广泛，它的叶子含有很高的淀粉、粗蛋白和粗脂肪，是放养柞蚕的好原料；其花富含糖蜜，是良好的蜜源植物。柞木木质坚硬、花纹美观、有光泽，是制造高档家具和优质地板的上等木料。

东北槭

槭树科槭树属植物全世界约有200种，集中分布在北温带地区，而中国是槭树种类最多的国家，分布有150多种，其中就包括东北槭。这种高可达20米的落叶乔木，在延边各县市都有分布，生长在海拔500—1000米的山腹阴湿地的混交林中。

东北槭树干挺拔，树冠整齐，灰褐色的树皮有纵裂的细纹。其红褐色的叶柄长度在6—11厘米之间，三出复叶对生，叶片为长圆状披针形。每年5—6月是东北槭开花期，伞房花序上有花三五朵，雌雄两性花同株。9月是其结果期，翅果褐色，小坚果突起呈馒头状，果梗红褐色。相对于其他槭属植物，东北槭虽不是木本糖料植物，但仍是很好的蜜源植物。同时，它们的木材可用来制作乐器，木质纤维可以造纸。

胡枝子

在本区生长有红松、蒙古柞、赤松的树林里，常可看到胡枝子的身影，它与其他植物群落建群种，伴生有绣线菊、照山白、丁香、悬钩子、卫矛等灌木，以及黑桦、白桦、山杨、盐肤木等散生低矮的乔木。它对土壤要求不高，能适应沙砾地的自然环境。不过，其最适宜的土壤还是黑土、白浆土、森林土和排水良好的草甸土。它在腐殖质较多的厚棕壤中长势最好，其次是中层暗棕壤、砂质暗棕壤，薄层暗棕壤上长势

源植物之一。它的嫩茎叶和种子可制成优质的饲料，东北地区的农民很早就开始用胡枝子来喂养牲畜。

大叶椴·小叶椴

虽然中国的椴树科植物有80多种，但是提到"椴树花蜜"，就只是指大叶椴和小叶椴。大叶椴又叫"糠椴"，小叶椴又叫"紫椴"，它们是长

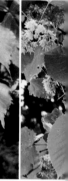

本区虽然所处纬度较高，但因位于沿海地区，受来自东面太平洋的暖湿气流影响，依然有不少阔叶植物分布。上图

混生成为混交林。胡枝子是豆科胡枝子属，生长范围很广，从长江流域的湖北到黄河流域的陕西、河南、山东，再到东北地区的黑龙江、吉林、辽宁、内蒙古东部等。

胡枝子是一种中性落叶灌木，性喜光热，常生于丘陵、荒山坡、灌丛及杂木林间，与森林和草丛镶嵌分布，在本区海拔900米以下的疏林、林缘、灌丛、荒山、荒地上，随处可见。丛状分布的胡枝子是一种重要的

最差。它具有耐贫瘠、耐寒、耐热、耐酸等特性，在零下30℃的低温环境能安全过冬。不同地区，胡枝子的物候期会有所不同，比如，北京地区的胡枝子会在4月中旬返青，生长期有190天；哈尔滨地区返青时间是在5月上旬，生长期只有125天；延边地区返青则是在5月初，生长期有140天。

胡枝子的总状花序腋生呈圆锥形花丛，花冠蝶形，为红紫色，在东北地区是重要的蜜

白山区最重要、最优质的野生蜜源植物。而长白山区也是中国仅有的两大椴树蜜源产地之一。

在东北享有"软阔木"之称的椴树科树种小叶椴，是重要的阔叶树种之一，常与色木槭、水曲柳、风桦、蒙古柞、春榆、冷杉等混生，形成椴树阔叶红松林或椴树阔叶林。作为中国原产树种，小叶椴在东北、华北的山地均有野生分布，在长白山区的垂直分布

可达海拔1100米以上。在延边地区，它分布在各县市海拔1200米以下的阔叶混交林和阔叶红松林中。

小叶椴喜光也耐阴，最适宜在中等强度光照条件下的半阴坡和半阳坡生长，阳坡和阴坡的生长相对较差。它不耐干旱也不耐水涝，在水分充足、排水良好、土层深厚的林地上生长最好，在洼地、谷地生长不

刺五加

在《神农本草经》里，刺五加被列为上品，主产于黑龙江、吉林、辽宁等地，本区各县市都有分布，仅和龙的野生资源面积就达320平方千米，主要分布在山区。刺五加在不同地方有着不同的称呼：在辽宁俗称刺拐棒，在吉林俗称坎拐棒子，在河北称作一百针和老虎潦，在日本被称作虾夷五

加的营养繁殖靠顶端芽钻出地面产生新的分株。刺五加具有耐阴、耐寒、耐旱的特性，性喜气候冷凉、湿润，在腐殖质层深厚的山坡和山边上生长良好。常散生或丛生于针阔叶混交林或阔叶林内，在采伐地和林缘也可见其身影。

刺五加的根、茎、叶、花、果均可入药，药用价值也较高。尽管没有与其有着亲缘

从左至右分别为：胡枝子、大叶椴、小叶椴、刺五加、龙牙楤木。

良。6—7月是小叶椴的开花期，它的花蕾呈圆球形，聚伞花序长4—8厘米，灰绿色的花萼5枚，花瓣为黄白色，雄蕊多数，气味香甜，是不可多得的蜜源植物。小叶椴一般从树龄15年开始正常流蜜，正常年份平均每群蜂可产蜜30—50千克。

相对大叶椴而言，小叶椴的阔卵形叶片长3.5—8厘米，宽3.5—7.5厘米，而大叶椴的叶片长8—15厘米，宽7—14厘米，故而有大小叶椴之称。

加，到了俄罗斯就被称作西伯利亚人参。

因该植物的叶柄顶端有五片小叶排列呈掌状向外展开，枝叶密集长刺，故得名刺五加。它与人参同属于五加科五加属，为多年生落叶灌木，植株高1—3米，根皮及茎叶有香气。刺五加的根系非常发达，其根茎以单向或辐射方式可向周围扩散至3米或3米以上，根茎上有大量处于休眠状态的潜伏芽。在自然条件下，刺五

关系的人参那么高的药用价值，但古代也曾有如此俗语："宁要五加一把，不要金玉满车。"

龙牙楤木

龙牙楤木俗名叫刺龙牙、刺老芽，生长在小兴安岭、完达山、张广才岭、长白山、大兴安岭等山区，其中以长白山和辽东地区最多。在本区的汪清、和龙、珲春、龙井皆有产。它性喜多沙质的土壤，常散生

或成小片生长于阔叶林林下及林缘，红松林、针阔叶混交林以及山阴坡、沟边和火烧迹地也有分布。

属五加科落叶小乔木的龙牙楤木高可达3米，灰色树皮上密布尖刺，长达1米的羽状复叶向外伸展，椭圆状的小叶边缘有

以富含维生素C著称的野玫瑰果实。

尖锯齿，淡黄白色的花瓣大而密。其果实为黑色的球形，种子可以用来榨油和制造肥皂；根皮被称为"五加皮"，有祛风、化湿、健胃、利尿功效。龙牙楤木，全是因为它的嫩芽，也称刺龙芽、刺嫩芽，被认为是山菜之王。在早春时节，它长出的嫩芽柔软、少纤维，是营养丰富的上等蔬菜，富含蛋白质和氨基酸。东北俗语"雨落嫩芽无丝，雨后老化生木质"就是在说龙牙楤木嫩芽的采收，季节性非常强。

野玫瑰

它是第四纪孑遗植物，有着梅槐、梅桂、红玫花、笔头花、徘徊花等俗名，红艳的果实被称为"维生素之王"。这就是现代栽培玫瑰的野生祖先之一——野玫瑰。

蔷薇科蔷薇属落叶灌木野玫瑰的产地非常有限，与其他植物种类形成了4个主要的生态群落：海滨沙地缬缕草—玫瑰群落、海滨沙地芦苇—玫瑰群落、沙地薹草—玫瑰群落和山地白羊草—黄背草—玫瑰群落。前面两个玫瑰群落主要分布在辽宁的沿海沙滩以及沙地上，与缬缕草或芦苇伴生；最后一个群落分布在山东阜平的山坡或田边，与白羊草、黄背草等植物伴生；第三个玫瑰群落则分布在本区的珲春鲁田、九沙坪和防川一带的图们江下游沿岸沙滩和沙丘地带，伴生植物以栓皮薹草为主。

野玫瑰树高可达2米，棕褐色的树皮有白色斑点、皮刺和刺毛；具有营养茎、根状茎和行茎三种类型的茎，根多为须根；每年4月萌芽，5—8月为花期，深红色的花单生或数朵聚生，7—9月为果实成熟期。

野玫瑰耐旱耐寒，能忍耐零下30℃的低温，适宜在凉爽温和、排水

良好、土质肥沃的沙土上生长。珲春地区受日本海的影响，气候较为温和，雨量充足，非常适合野玫瑰生长，成为吉林唯一的野玫瑰滋生地。在该区海拔5—30米的沙地上，野玫瑰的分布面积达到了20万平方米。但是随着人们的过度采挖和任意放牧，野玫瑰的生长环境不断沙化，大面积的野玫瑰渐渐消亡，且质量逐渐下降。

白藓

白藓是一种具有优良药用功效的野生花卉，属芸香科白藓属多年生草本。其株高30—100厘米，全身散发出香气，灰色的根为肉质，有羽状复叶和布满油毛的卵形小叶。它的淡紫红色花瓣5片绽放，花丝细长弯曲，是美丽的观赏花卉。

在本区各县市海拔200—900米的山坡、草地、疏林地和灌木丛中以及林缘、石质坡地上，可寻觅到白藓的身影。这种芳香植物的幼

集观赏与药用价值于一体的白藓。

苗性喜阴凉，但成体性喜散射光，也耐强光，在凉爽和昼夜温差大的环境以及湿润肥沃土壤中生长良好。尽管白鲜在气候温暖的南方长势茂盛，但也能适应寒冷的气候。在长白山区，白鲜每年4月下旬开始萌芽，5月中旬就大量展叶，6月初开花，8月上旬果实成熟。

白鲜的叶可提炼出芳香油，根茎可制农业杀虫剂，根皮可以入药，中药里的白鲜皮即是。白鲜皮性味苦寒，可祛风化湿、止痒、清热解毒。其植株各部分均有柠檬味腺体，天气炎热时可释放出足量可燃的气体。

金达莱

"金达莱开满山冈，我的故乡是美丽的城，凉爽的海风从图们江吹来，洁白的云朵山间飘过……"延边地区是金达莱的故乡，金达莱是朝鲜的国花，也是中国延边朝鲜族自治州的州花。它的花语是长久开放，被朝鲜族人民视为繁荣和幸福的象征，有着美好的寓意。

在寒冷的延边地区，每年长达四五个月被冰雪覆盖。当春天来临时，金达莱是野外第一批绽放的花朵之一。它的其他名字如"映山红""尖叶杜鹃""迎红杜鹃""兴安杜鹃"等能让人对这种生长在东北边境的花卉有更直观的印象。金达莱属杜鹃花科兴安杜鹃，多分布在山顶石砬子上、干燥石质山坡和山脊灌木丛间以及陡坡柞树林下，如珲春的张鼓峰、龙井的平顶山等皆有分布。和其他杜鹃科植物一样，金达莱对酸性土壤情有独钟。

金达莱为半常绿灌木，植株可达2米，细而弯曲的枝叶向外伸展，长圆形的叶片表面是深绿色，背面是浅绿色。它的紫红色花朵比叶还早开放，花序顶生或侧生，花萼短而密生鳞片，花冠为宽漏斗状。每年5—6月，延边地区的金达莱漫山遍野，红彤彤一片。

金达莱生长于干燥的山坡、林地中，其花色艳丽动人，花开时漫山遍野。

在朝鲜族人看来，金达莱既是美丽的观赏花卉，也是美食良药。他们将金达莱花瓣与五味子、绿豆面、蜂蜜等一起做成菜肴食用。在朝鲜族传统医药中，金达莱的叶和根都可入药，叶可止咳、祛痰、清肺，用于慢性支气管炎、咳嗽等；根能用于治肠炎、急性菌痢。

月见草

月见草俗称山芝麻、夜来香，傍晚见月开花，天亮就凋谢，故又被称为晚樱草，是长白山区的一种药用植物。

18世纪以前，亚欧大陆是没有月见草的。其原产地是南美洲的阿根廷和智利，18世纪，月见草的种子随着大西洋运送棉花的货船到达英国。从此，月见草开始被引种到全球各地，中国东北也有引种。随着时间的推移，耐旱、耐贫瘠、喜光照、对土壤的要求并不严格的月见草，逐渐成为野生种。在延边地区，它主要生长于海拔100—1300米之间的向阳山坡、河边沙地和道路两旁。

在植物学分类上，月见草属柳叶菜科月见草属，为一年或二年生草本植物，一年生株高60—90厘米，二年生株高可达100—140厘米，茎直立，有分枝。每年6—8月是月见草的开花期，它在抽蔓开花时需要一定的低温刺激。花为黄色，花瓣呈倒心脏形，从中可提取出芳香油。它的种子虽细小，含油率却高达20%—30%，且这种植物油富含亚油酸，能调节血液中类脂物质，可防治心血管病、硬化症、糖尿病、肥胖症、风湿性关节炎等多种疾病。月见草油被人们认为是20世纪最重要的营养药物之一，早在数百年前，美洲地区的印第安人就将月见草浸泡在温水中制成膏药来治疗瘀伤和皮炎。除了种子，月见草的根也可入药，它的嫩苗则可用作牲畜饲料。

臭菘

天南星科是植物界有名的臭花世家，其许多成员开花时会发出臭味，如半夏、巨魔芋、天南星、喜林芋等，生长在东北地区的臭菘也是其中的一员。臭菘为宿根草本，是一种单种属植物，分布在中国东北、俄罗斯西伯利亚、日本北部和北美洲湿地上，在海拔300米以下的潮湿针叶林、混交林下或沼泽地区成片生长。在本区的汪清、珲春以及和龙的针阔叶混交林内呈小面积分布。

臭菘的根茎短而粗壮，叶茎生，叶柄长达20厘米，叶片宽大。它生有暗青紫色的佛焰苞，内有肉穗状花序。令人觉得神奇的是，即使处在白雪冰冻环境中，臭菘佛焰苞内的温度都能保持在20—25℃，开花

月见草因含有大量人体必需脂肪酸而具有重要的医学保健价值。

臭菘外形酷似白菜，但佛焰苞呈暗青紫色，因此别名黑瞎子白菜。

时能将周围的冰雪融化。生长在寒冷地带的臭菘，利用开花时释放的热量来保护娇嫩的花朵。开花时，臭菘还会释放出臭气，吸引喜食臭味有机物的甲虫前来传粉。佛焰苞内的高温，对植物的繁殖有着积极作用，其一方面促进了气味的传播，吸引更多的昆虫前来传粉，另一方面佛焰苞的封闭性使其成为昆虫的"温床"，加快花粉的传授。

在日本，臭菘因其奇特的形态而被人们想象成一位冥想中的僧侣，因而又有坐禅草或禅宗草之称。它还是毒、药兼具一身的奇物：误食根和种子可引起恶心、呕吐、头痛等症状；但其茎又可入药，有刺激、催吐、抗痉挛和麻醉作用，叶外敷能消肿。

图们江莲花

在珲春敬信湿地内的莲花湖、龙山水库、三道泡子、四道泡子等水域生长的大面积的图们江红莲，是图们江莲花的一种。图们江莲花的品质有别于其他种类的莲花，其花形大，花色艳丽，开花期长，从花开到花落可延续50天。每年7月中旬—9月初，红色、粉色、白色的花朵密密层层出露于水面。图们江莲花有着古老的起源，1.35亿年前就出现了该种，属于野生莲花，品质优良、独特，花瓣艳丽交叠，厚重硕大，茎叶苗壮，敬信也因此成为中国野生莲花的研究基地。

在珲春敬信，随处可见有关莲花的传统民俗，至今还流传着荷仙的种种传说。珲春古代著名的八景之一的"莲塘九曲"，指的就是敬信黑顶子山脚下的9个大池塘在夏日时节荷花盛开的情形。不过，珲春的野生图们江莲花由于种种原因曾遭到大面积的毁坏，如今敬信湿地面积逐渐缩小，对图们江莲花的生存构成威胁。

蓝靛果忍冬

忍冬科忍冬属植物蓝靛果忍冬，又名蓝靛果、羊奶子、黑瞎子果、山茄子果等，是一种多年生落叶小灌木。长白山区、大兴安岭东部山区、内蒙古、四川以及华北、西北等地是蓝靛果忍冬的主要分布范围，朝鲜半岛北部、俄罗斯西伯利亚以及日本等地亦可见其身影，其中以东北地区产量最大且分布最为集中。它在冷凉湿润的环境下长势良好，抗寒能力非常强，在零下41℃的低温环境下也能安全过冬。

蓝靛果忍冬的浆果可食、可入药。

在延边地区，蓝靛果忍冬生长在安图与和龙海拔200—1800米之间的疏林以及林缘、灌丛、沼泽、河岸等地，植株高可达1.5米甚至2米。其枝干呈红棕色，叶片为长圆形或长卵形；黄白色的花冠呈漏斗状，雌蕊探出花冠外，是一种蜜源植物。每年6—7月是它的开花期，7月上旬至9月上旬为结果期。它蓝紫色的椭圆浆果多浆汁，富含氨基酸和维生素C，可生食、酿酒、造饮料和果酱，提炼色素，用途非常广泛。其果实还可入药，具有清热解毒的功效，花蕾、嫩枝也能制成药。

肉厚味酸的北五味子浆果。

北五味子

木兰科北五味子属的北五味子是多年生落叶木质藤本植物，又名山花椒，其果实、根、茎藤均可入药，是长白山重要的中药材之一，同时还可加工成果酒、饮料和保健品。北五味子的原产地其实是在山东的淄博，现在已经传种并主产于东北三省、河北、内蒙古、陕西、甘肃以及四川等地。在名称上，随着地理区域位置的不同，北五味子又有不同的叫法：产于东北三省和内蒙古的通称为北五味子或辽五味子，产于西北的称为西五味子，产于长江流域的称为南五味子。本区的汪清生长有大量北五味子，是吉林唯一的北五味子基地，和龙和安图等地也有分布。

在《神农本草经》中，北五味子被列为上品，因苦、辣、酸、甜、咸五味俱全而得名。

一年生的北五味子约有10片小叶，长到15厘米以上才开始形成根茎，第二年的生长速度明显加快。它的主根细弱，根茎却很发达，向土壤表层及四周伸展横走，二年生以上植株形成盘根，柔软的茎可长到6—8米。北五味子属单性花植物，5月中下旬进入花期，夜间盛放，花期长9—12天。8—10月是果熟期，浆果球形的果实成熟时为红色或紫红色，个大肉厚、味酸性温，具有收敛、镇咳、滋肾、涩精、生津等功效。

不同生长阶段的北五味子对环境条件有不同的要求，其在幼苗时期需要阴湿的环境，到了开花结果阶段则需要充足的光照和良好的通风环境。在阔叶林或针阔叶混交林的阳坡林下或灌木丛中，北五味子的分布较多，在腐殖土或沙质土壤上生长良好。

平贝母

出产于东北的平贝母是药效仅次于川贝、浙贝的贝母属药材。在长白山区，平贝母生长在海拔900米以下湿润肥沃的针阔叶混交林下、林缘、灌丛或溪旁，这种针阔叶混交林多以红松林为主。本区各市县都有野生平贝母的分布。

每年3月下旬—4月中旬，春雪刚刚融化，耐寒的平贝母钻出冻土长出新苗，当气温达到12—16℃时生长旺盛，到5月就可开花。它性喜清凉、湿润的气候，在水分充足、排水良好、肥沃疏松的腐殖质土壤上生长良好，不适应干旱瘠薄、低洼易涝、黏土地以及沙地等生长环境。不耐高温，土壤温度超过20℃以上时，平贝母的生长就会受到抑制，因此其生长期仅有两个月，大约5月下旬开始平贝母地上部分逐渐枯萎，鳞茎则进入休眠期。3个月之后，平贝母的鳞茎开始第二次萌芽，长出子贝母，至土壤开始结冰时又重新进入休眠。这是一种非常少见的生长方式。

属百合科的平贝母为多年生草本植物，高可达1米，有着扁圆形的鳞茎以及附生的小鳞茎；光滑直立的茎上部的叶为对生或互生，线性叶片先端卷曲呈卷须状；暗黑紫色、内有黄色斑点的钟形花有内外两轮，外花为圆状倒卵形，内轮花为圆状椭圆形，花为紫色。它的鳞茎可以入药，有清热润肺、止咳化痰的功效。平贝母野生分布极少，加上近些年来生长地区生态环境破坏严重以及过度采挖，其野生植株越来越少，成为一种名贵的药用植物。

猛犸象化石

猛犸象是一种生活在新生代第四纪更新世的古脊椎动物，曾广泛分布于亚欧大陆北部以及北美洲北部，中国东北地区也曾有猛犸象活动。在本区北部东宁道河境内的河流中就出土了猛犸象的骨骼化石，保存相对较为完整。

在动物学分类上，猛犸象属哺乳纲长鼻目真象科，也称长毛象，更新世时期与亚洲象、非洲象同存于地球上，是世界上体形最大的象，身高一般为3—5米，体重可达5—10吨，身上披有细密的黑色长毛，以及厚达9厘米的脂肪层，能够抵御极地的寒冷气候。它的长而粗壮的象牙向后弯曲旋卷，臼齿由约30片排列紧密的齿板组成。它们生活在高寒地带的草原和丘陵地区，以青草和灌木树叶为食。猛犸象又可以分为北方型寒带猛犸象和南方型温带猛犸象，前者体形较为巨大，后者体形较小。

距今12000—9000年前末次冰期结束之际，气候的猛烈变化致使猛犸象栖息地的环境也随之陡变，猛犸象从此在地球上绝迹。突如其来的冰期使得猛犸象灭亡后的尸体即遭冻结，在冰雪保护下其骨骼得以保存下来。

珲春东北虎自然保护区

位于中、朝、俄三国交界地带的珲春自然保护区是中国第一个以东北虎、远东豹及其栖息地为主要对象的自然保护区，现已升级为珲春东北虎国家自然保护区。历史上，

出土自黑龙江东宁道河的猛犸象化石及还原模型（小图）。

珲春地区就是东北虎、远东豹的主要栖息地，是中国野生东北虎、远东豹分布数量与密度最为集中的区域。

保护区位于珲春境内，包括敬信林场、杨泡营林站、板石营林站的全部以及青林台林场、春化林场、三道沟林

场的部分地区，总面积1087平方千米，其中核心区和实验区面积分别为505平方千米和176平方千米。保护区整体上东西狭长，地势北高南低，最高点海拔是973米，南部最低点海拔只有5米。其东部是绵延的群山，与俄罗斯的波罗斯维克、巴斯维亚和哈桑湿地3个保护区接壤，西部则隔着图们江与朝鲜的卵岛和藩浦保护区相望。由于保护区的生态条件与俄罗斯滨海南部的

珲春东北虎自然保护区内的原始森林与俄罗斯的森林相连，共同为东北虎提供了广阔的栖息地。

3个自然保护区以及朝鲜的庆兴、罗津地区相似，故成为中、朝、俄三国东北虎、远东豹和其他捕食动物种群自由迁徙、维持种群繁衍的生态通道。

受中温带海洋性季风气候影响的珲春自然保护区内，地带性土壤与非地带性土壤镶嵌分布，前者是呈微酸性的暗棕壤，广泛分布于东北部山区；后者分布在保护区中部平原和周围的丘陵、山谷地带。区内动植物资源非常丰富，除了东北虎、远东豹外，还生活着梅花鹿、紫貂、原麝、丹顶鹤、金雕、虎头海雕和白尾海雕7种国家一级保护动物，另外还有黑熊、马鹿、猞猁、花尾榛鸡、天鹅等33种国家二级保护动物。植物方面，常见的野生植物有119科537种，其中重点保护的植物有东北红豆杉、红松、紫椴、黄檗、水曲柳、钻天柳、刺五加等。

远东豹

在俄罗斯远东地区、朝鲜北部以及中国黑龙江和吉林的茂密丛林中，生活着一种奔跑迅捷、灵敏警觉的大型猫科动物——远东豹，又叫东北豹、朝鲜豹或阿穆尔豹，是豹家族的20多个亚种之一，也是数量最少的种类之一。它们曾经与东北虎一样，处于这片寒冷土地生物链上的最顶端，但如今在中国境内的大、小兴安岭林

区已不见其踪迹，只是在中、朝、俄边境被孤立地分散于数个"孤岛"上，彼此间难以进行交配繁衍，野生种群数量极为稀少，濒临灭绝。据估计，野生状态下的远东豹数量在地球上不超过50只，中国境内不足10只，均生活在珲春自然保护区内。

远东豹头颅小而圆，肩部突起，身躯柔韧而舒展，其身体虽不如东北虎强壮，但四肢矫健，视觉、听觉和嗅觉极为灵敏，是优秀的奔跑选手和捕猎能手。正如其他猫科动物一样，豹性喜独居，昼伏夜出，它们小心地躲避人类，并避免与其他食肉猛禽正面抗衡，性格凶猛多疑，以捕食獾、兔、狍、鹿等食草性野生动物为生，偶尔也捕猎体形较小的禽畜。

东北虎

有"丛林之王"之称的东北虎，为猫科豹属动物，是老虎8个亚种中体形最大的一种，也是地球上现存最大的猫科动物，主要分布在中国东北、俄罗斯西伯利亚地区以及朝鲜半岛。中国境内，黑龙江、吉林和内蒙古地区的大、小兴安岭、张广才岭、完达山、长白山和老爷岭等林区都曾有东北虎广泛分布，本区的珲春、汪清、安图、和龙、东宁等地也是东北虎的活动范围，但如今野生东北虎只有少数残存在乌苏里江和图们江流域的中俄边境地带。

东北虎又称西伯利亚虎、满洲虎、阿穆尔虎等，体长可达2.8米，体重达350千克，力气比非洲草原上的雄狮还要大。其身披黄栗色皮毛，背部和体侧有24个黑色条纹，前额有"王"字黑纹，尾巴有8个黑环，特点极为明显。它有着比钢刀还锋利的爪子，长达10厘米的犬齿极为尖利。凭借强健有力的身体、锐利的齿爪、迅捷灵敏的动作以及"打埋伏"的战术，东北虎能快速捕食到中大型的哺乳动物，诸如狍、狼、鹿、野猪、狐狸等，还有鱼蛇类和一些野果也在它的捕食范围内。它们白天一般藏在林间休息，到了傍晚或黎明前才出来捕食猎物。冬末春初是东北虎的发情期，雌虎怀孕3个多月后于春夏之交生产，一胎能生2—4个幼崽，两胎之间一般会隔两至三年。

东北虎是典型的林栖动物，多栖息在海拔400—1300米之间的针阔叶混交林山岩间以及灌丛、草丛中，喜欢独居，常常有自己单独的活动区域，范围可达上百平方千米。特别是在食物缺乏的冬季，其活动范围可延伸至三四百平方千米，这与它们善于行走有关，一昼夜能行走80—90千米，而且走路过程中常常是悄无声息。在东北林区，东北虎被人们尊称为山神，但随着人类活动范围的扩大，东北虎的食物链以及栖息环境遭到严重破坏，加上人类的大量捕杀，现今处于濒临灭绝的景况。根据

东北虎体态雄健、行动敏捷，习惯栖息于森林、灌木丛和野草丛。其体征十分明显：身披黄栗色皮毛，体背横列黑

色条纹，虎头大而圆，前额上几条黑色横纹中间常被串通，极像"王"字，故有"万兽之王"之称。

东北黑熊（左图）和棕熊（右图）毛色相异，都是广泛活动于寒温带的林栖动物。

统计，至2009年，俄罗斯境内生活着430—520只野生东北虎，而中国境内的野生东北虎数量不到20只。

黑熊

黑熊，一种全身透黑的大型林栖动物，胸前有一块非常明显的白色或黄白色的月牙形斑纹，因而又被人称为月熊。成年黑熊的身体长1.3—1.9米，体重达到100—200千克，耳上的毛呈簇状，尾巴短。黑熊为熊科熊属动物，在中国境内，北起黑龙江、吉林，南至海南岛以及喜马拉雅山北坡，都是黑熊的活动范围。它们在中国的分布可按地理区域不同而分为西藏黑熊、喜峰黑熊、四川黑熊、台湾黑熊与东北黑熊5个地理亚种。生活在东北大、小兴安岭、长白山等山林中的东北黑熊，被俗称为狗熊、黑瞎子，它们在本区的分布范围主要集中在和龙、安图境内的阔叶林、针阔叶混交林中。

东北黑熊的食物以植物为主，随着季节的变化而调整食谱内容。4—7月以草本植物叶芽为主，7—9月以各种浆果为主，9—11月则以橡实、松子、野核桃等坚果为主食。此外，一些小兽类、鸟类、昆虫和蜂蜜等也是东北黑熊的食物对象。一般而言，黑熊的寿命可达30年，3—4岁就进入性成熟期，夏季是其发情期，雌熊的怀孕期长近7个月。

一年当中，东北黑熊有长达5个月的冬眠期，冬眠时间从11月降雪开始至翌年3月下旬或4月中旬，整个冬眠期它们都处于半睡眠状态。它们会将冬眠地点选择在树洞、石洞里，或是在树下扒坑居住，猎人们把黑熊不同类型的冬眠地点分成三种，分别为天仓、地仓和明仓。

棕熊

外形与黑熊相似的棕熊，又叫马熊、人熊、灰熊，是分布最广泛的熊科动物。本区境内的珲春、汪清、安图、东宁等地也能看到它们的踪迹。

棕熊的身体毛色会因年龄不同而不同，幼年时为棕黑色，颈部有一白色领环；成年时多为棕褐色或棕黄色；老年棕熊的毛色则呈银灰色。它们体形较大，体长2米左右，体重超过200千克；头阔吻长，鼻端裸露；四肢粗壮，爪尖而有力，脚掌有厚实的足垫。其胸毛长达10厘米，以适应在气候寒冷的寒温带生活。

棕熊常常单独游荡在寒温带针叶林中或高山草甸上，没有固定的栖息场所，一般在晨昏时段活动，白天多在窝里休息。它们极为重视捍卫自己的领地权，成年母熊也要在周围巡视。尽管动作笨拙，行走缓慢，但它们的嗅觉却很灵敏。生活在黑龙江和吉林一带的棕熊有冬眠的习惯，从11月至翌年3月，常常是待在树洞或岩洞内冬眠，不过会很警觉，受到惊扰就会醒来而不再入眠。虽然也吃植物嫩芽、草、树根、野果等食物，但动物性食物比重仍较大，狍、野猪幼崽、鼠兔、旱獭等小型动物常进入它们的胃中，是典型的杂食性动物。在本区，图们江流域和珲春河流域盛产大马哈鱼，每逢大马哈鱼产卵的时节，棕熊都会到河里捕鱼，享受一年一度的盛宴。每到夏季，棕熊就进入发情交配期，其妊娠期长达7—8个月。

青羊

青羊又叫斑羚，是一种广泛分布在东北、华北、西南和华南等地的偶蹄目牛科动物，汪清、延吉是其在本区的主要分布地。青羊外形与山羊相似，没有胡须；体形较小，仅长90—110厘米，四肢短而匀称，结实有力；尾长披蓬松长毛，与驴尾相似；无论雌雄都长有短直的乌黑羊角，角尖略微后弯，角下有环纹。青羊全身被青褐色的长毛，但四肢和腹部的毛色为白色，脊梁上有一条明显的黑纹。它的毛绒厚密，质地柔软，是难得的高级裘皮——也正是靠着这身厚实松软的绒毛，它才能度过北方寒冷而漫长的冬季。

林中山顶的岩石堆和石碴子是青羊经常出没的地方，因为有着善于攀登悬崖和蹿跃山涧的本领。它们不仅远离人类，也远离同伴，只在配对繁殖的季节才群居生活。青羊一般是在秋天交配，孕期长约6个月，春夏交际产崽，一胎一仔，幼崽出生两三天后就能跟随母羊一起活动。夏天，青羊栖息在山顶岩洞，到了冬天就会下到森林中活动觅食。它们非常机警，白天多在岩洞隐蔽，傍晚夜间才出来喝水，吃杂草、树枝、苔藓地衣、浆果等。即使在吃食，它们也不敢松懈，耳朵不停摆动，探察异常情况。

马鹿

它们是分布最广的鹿属动物，体形似马，在亚欧大陆的寒温带、低纬度高山地区以及从中亚到北非的森林草原地带，都有它们的踪迹，它们就是偶蹄目鹿科鹿属动物——马鹿。马鹿有22个亚种，中国境内分布有8个：东北亚种、天山亚种、塔里木亚种、甘肃亚种、阿勒泰亚种、西藏亚种、川西亚种和阿拉善亚种。它们曾经广泛活动于中国各地，如今仅主要分布在东北林区、新疆北部、甘肃、宁夏贺兰山、青海、四川、西藏东南部和内蒙古等地区。

马鹿体形较大，头部、面部、颈部、四肢都比较长，尾巴较短，大耳呈圆锥形。与梅花鹿一样，马鹿头上长角，且只有雄鹿才有，而雌鹿的相应部位仅有隆起的嵴突。其全身披毛，夏天毛短，毛为赤褐色；冬天毛厚密实，毛色会

马鹿喜欢生活在灌丛中，雄性头上的角不但可用来御敌、争偶格斗，还可以伪装成树枝。

麝鼠 本区的森林分布广泛，有赤狐、紫貂等多种原生物种分布，但位处边境的延边地区也生活有多种引进的物种，如原产北美洲的麝鼠就是20世纪40年代从前苏联边境引进的，现分布于本区珲春、安图等县市的水域中。麝鼠是啮齿目仓鼠科田鼠亚科中体形最大的，为水陆两栖动物，是游泳和潜水的高手，窝巢多筑在水域岸边的洞穴、芦苇丛或草甸子中。麝鼠的窝巢很有特色，有夏巢和冬巢之分，由洞道、盲洞、储粮仓、巢室等功能不同的部分组成，而且洞口多位于水下并能随水位高低而变化，可见其结构之巧妙。

变为灰棕色，以适应栖息地寒冷的气候。马鹿是一种对环境适应力较强的动物，能忍受零下40℃的低温和40℃以上的高温，能从30多厘米厚的积雪中寻觅到食物。草类、树叶、树皮、果实等是马鹿的主要食物，特别是在冬末春初食物缺乏的季节，就以啃食树皮生存。

东北马鹿分布

在北纬42°以北的大、小兴安岭和长白山地区，本区的汪清、珲春、和龙、安图等地皆有它们的繁衍地。这种群居动物栖息在面积较广的针阔叶混交林和阔叶林的林缘、林间草地以及溪谷沿岸，在东北林区既能迁徙到海拔较高的岳桦林带和苔原带，又能迁徙至阔叶林外的草地和沼泽地带。夏天，它们多在傍晚或清晨活动；而到了冬天就多在白天活动。

由于森林资源被大量开发以及林区人口的增加，加上盗猎猖獗，本区内马鹿的栖息和繁殖受到影响，马鹿的数量逐渐减少。不仅是东北马鹿，其他中国境内马鹿亚种的栖息环境也遭到破坏，野外生存数量下降，因此马鹿现已被列为国家二级保护动物。

赤狐

在狐狸家族中，体形最大、最为常见的是赤狐——一种典型的中小型林灌、荒野食肉兽种。在本区广阔的山地中，从山脚到山顶都曾有赤狐活跃的身影，近年来数量急剧减少，仅出没于安图、汪清、珲春等地。

赤狐又名草狐、火狐，其毛色多为赤褐色，也有棕色、火红或灰褐色，腹部、颈下的毛色为白色或浅灰色。它有着细长的体形，体长58—90厘米，而蓬松的尾巴就有身子的一半长。赤狐生有尾腺，能释放出奇特的臭味——狐臊，它的栖息地周围也弥漫着这种气味。

狡猾、孤独，这是对狐狸一族最常见的评语，赤狐也确实如此——习性机警、生性孤僻，独自游荡在森林、草原、高山、丘陵、荒漠中，只有在繁殖期和育儿期才会小范围地群居。它们常以土穴、树洞、岩石细缝、墓地等自然洞穴或其他动物的巢穴为栖息地，昼伏夜出，白天隐蔽在洞穴中，睡觉时会将尾巴盘成一圈，垫在身体下面，等到傍晚开始出来觅食，直至次日天明返回。它们是杂食性动物，各种小型兽类和鼠类是其主食，也食鸟类、蛇类、蜥蜴、鱼、昆虫等动物以及浆果。

每年的1—2月，是生活在东北地区的赤狐发情交配的

赤狐体形细长，毛皮呈赤褐色。

时节。此时，雌狐会发出怪异的尖叫，雄狐之间常会为争夺配偶而发生激烈争斗。雌狐的怀孕期为2—3个月，在产崽之前以及产崽之后，雄狐都会在旁边精心照料。

紫貂

紫貂与水貂，一字之差，却是两种不同属的动物，前者是鼬科貂属，后者是鼬科鼬属。紫貂原产于中国、俄罗斯、朝鲜和蒙古等国，更新世晚期就已出现，是耐寒的北极型动物群中的主要代表种类。在自然界中，紫貂有11个亚种，其中中国境内有4个：大兴安岭亚种、小兴安岭亚种、长白山亚种和阿尔泰亚种，主要分布在东北地区和新疆地区，本区的属长白山亚种。过去，东北地区的紫貂资源非常丰富，唐时渤海国就曾一次性向唐朝进贡1000余张貂皮，但随着人类的捕杀以及森林生态被破坏，如今野生紫貂在东北的分布仅局限在大、小兴安岭、老爷岭、张广才岭、完达山和长白山等区域，数量极少。

紫貂又叫黑貂、赤貂，体形大小如家猫，身体细长约40厘米，四肢短小，爪子尖锐而具半伸缩性，非常适合爬树。

它的鼻唇附近有20多根有弹性的触须，三角形的大耳朵直立且保持警觉，还有一条长度约为体长1/3的粗大蓬松的尾巴。紫貂有一身棕黑色皮毛，喉部有淡棕色的斑块，皮毛因产地不同而毛色略有差别。其毛皮轻软柔韧，色泽华美，保暖性可以说居各种动物毛皮之首，因此紫貂皮被认为是"毛皮之冠"，自汉代以来就被列为珍贵物品。

在长白山区海拔800—1600米的针阔叶混交林带，生长着茂密的红松、杉等乔木植被，林间溪流纵横，紫貂就将巢穴修建在这些石堆、树洞或树根底下。它们的巢穴极为讲究，有居室和厕所之分，还有贮存食物的仓库，主要是供母貂繁衍后代所用。平时大部分时间它们都是在林间四处流浪，性格孤僻而机警，以捕食各种小型哺乳动物、啮齿动物或小型鸟类为食，也吃蜂蜜、松子、浆果等食物，是以动物性食物为主的杂食动物。

每年冬末春初，紫貂表现得异常兴奋，彼此互相追逐，这就叫"跑鲜"，是一种"假

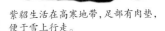

紫貂生活在高寒地带，足部有肉垫，便于雪上行走。

发情"现象，因为它们真正的发情期是在6—8月。紫貂的妊娠期几乎可以与人类相媲美，时间长达八九个月，直到翌年三四月才产崽，繁殖力并不强，这也是如今紫貂极为稀少的原因之一。

猞猁

体形比豹小、比野猫大，体长1米左右，形似家猫，尾巴极短，四肢粗长，耳尖有一撮竖立的茸毛——这就是猫科猞猁属的猞猁，又有猞猁狲、大山猫等别称。猞猁曾广泛分布在亚欧大陆北部，中国新疆、东北、华北和青藏高原等地区均有分布。而今东北地区的野生猞猁仅活跃在大、小兴安岭、长白山地区，数量不到3000只，本区的和龙、汪清、珲春、安图等地是它们的活动区域。

猞猁多栖息在海拔1000

米以下的针阔叶混交林或阔叶林中，没有固定的住所，窝巢也是随便建在石崖缝隙中，它们有时独居，有时过着群体生活。如众多猫科动物一样，猞猁也大多是在清晨或黄昏活动。其强健的四肢善于奔走，行动非常敏捷，既能上树又能下水，凶猛程度并不亚于东北虎。但是当遇到比它们体形更大的猛兽时，它们要不逃到树上躲藏，要不干脆躺在地上装死。兔、雉、松鼠、狍子等小型兽类和鸟类，常常成为它们的口中之物，偶尔还捕食比自己体形大三四倍的动物，有时也可以静卧几日不吃不喝。每年2月末至3月中旬是猞猁的发情期，5—6月即可产崽，一胎产崽2—3个。到1岁大的时候，猞猁可离开父母独立生活。

哈士蟆

在东北林区，生活着一种中国特有的蛙种——哈士蟆。"哈士蟆"一词是满语，其学名是中国林蛙，分布于黑龙江、吉林、辽宁、河北等省，本区各县市阴湿的山坡、树林或草丛里，活跃着它们的身影。

哈士蟆是两栖纲无尾目蛙科动物，头部扁平而口阔，两眼后面各有一块三角形的黑斑，皮肤上有细小痣粒，背侧褶不平直。其皮肤颜色会随着季节的变化而不同，夏季为黄褐色，秋季和冬季则变成褐色。它们的后肢比前肢长，善于跳跃和游泳，常躲在没有强烈光照、湿润凉爽的地方。到了9月下旬至10月初，哈士蟆就开始进入冬眠，冬眠地点大多是有长流水的石洞、石缝或树根底下。与青蛙、蟾蜍等蛙类动物单独冬眠习性不同，哈士蟆都是群体聚集冬眠。由于适应了北方寒冷的气候，哈士蟆也比其他蛙类更耐寒，冬眠时间也相对较短，到第二年清明前后，它们就结束冬眠爬上岸来，选择不流动或微流动的小水域交配产卵。待产完卵后，哈士蟆就会转入大约半个月的生殖休眠。除了产卵、休眠，哈士蟆从蝌蚪成为幼蛙后，便离开水域，过着完全的陆地生活。哈士蟆的皮肤也具有呼吸能力，因此在陆地并非完全以肺部呼吸。

哈士蟆多以有害昆虫为食，如夜蛾幼虫、树粉蝶幼虫、叶蜂、金花虫以及蝇、蚊等寄生昆虫，在保护森林资源方面有着重要的作用。在《本草纲目》中，哈士蟆被称为山哈，由雌性哈士蟆的输卵管干燥物制成的"哈士蟆油"，是一种可以与东北三宝齐名的珍贵中药材。早在清初，哈士蟆就被列为"满汉全席"的"八珍"之一。

蓑羽鹤

在安图境内，栖息着一种罕见的鹤类，是鹤类中体积最小的，它们有一个美丽的名字——蓑羽鹤。其体长仅76厘米左右，颊部两侧生有一丛白色长羽垂如披发；头顶裸露呈肉褐色，后颈则是黑褐色，嘴为黄绿色，背部有蓝灰色蓑羽。因其羽色艳丽，步态轻盈，是一种观赏珍禽，因此它还有另外一个称呼"闺秀鹤"。

这种鹤形目鹤科鸟类在中国的分布范围并不广，主要集中在黑龙江的扎龙、肇东、大

其貌不扬的哈士蟆栖息在石洞中，看上去与石头十分相似。

东方白鹳体形高大，姿态优美，宛如穿着黑白西装的绅士。

兴安岭，吉林的向海、镇赉莫莫格、长白山，内蒙古的鄂尔多斯高原、呼伦贝尔等地，宁夏和新疆也有分布。它们栖息在干旱草原、草甸、湖泊和沼泽附近的草地，栖息地海拔最高可至5000米。在安图境内则是活动栖息于林间小溪和沼泽水泡旁，捕食小鱼、昆虫和蛙类等小型动物，也吃植物嫩芽、种子等。

每年3月末至4月初，蓑羽鹤从越冬地迁徙至东北等地，为繁衍下一代做准备。天晴少雨、日照长的5月到7月上旬，是蓑羽鹤繁殖的最佳季节。11月中下旬，它们就要开始长途跋涉，飞往西藏南部等气候温暖湿润的地方过冬。

东方白鹳

说到白鹳，通常所指的就是东方白鹳。这种大型涉禽为鹳形目鹳科鹳属动物，其过去主要的繁殖地在俄罗斯西伯利亚、中国东北、朝鲜、韩国和日本等地区，如今它们的繁殖地范围逐渐缩减，仅集中在俄罗斯远东、中国黑龙江、吉林和内蒙古部分地域，朝鲜半岛上的繁殖种群已经灭绝。东方白鹳在本区的分布多见于春秋迁徙季节，出现在汪清、安图等地的河流两岸和沼泽湿地。

东方白鹳体形高大优美，体长1米多，浑身洁白，翅膀宽大且大部分为黑色，腿细长而呈鲜红色，黑色的嘴长达20厘米，眼睛周围和喉部裸露的皮肤呈现朱红色。平时，东方白鹳都是群体活动，早晨和黄昏是主要的觅食时间，食物以鱼类为主，夏季时也捕食蛙、鼠、蛇、昆虫、软体动物、节肢动物等。除此之外，它们还会吞食一些沙砾和小石子来帮助消化食物。它们性情机警，休息时常单腿直立或双腿站立于水边或草地上，脖颈收缩成"S"字形或置于背部。

由于是候鸟，每年3月，它们从越冬地飞往北方开始繁殖，栖息在有稀疏树木生长的河流、湖泊、水塘、沼泽地带。9月下旬至10月初，东方白鹳就会从繁殖地开始飞往华东、华南、西南等地的大型湖泊和沼泽地带越冬。它们主要的迁徙路线是在吉林西部，但也有一部分东方白鹳会从黑龙江东部出发到长白山区，沿鸭绿江流域到达辽东半岛或朝鲜，汪清、安图的湿地就位于这一迁徙路线之上。

花尾榛鸡

松鸡科鸟类中分布最广、最为常见的花尾榛鸡，是一种典型的森林鸟类，分布在亚欧大

雌（左）雄（右）
花尾榛鸡外
貌示意图

陆北部地区，中国境内主要栖息在长白山、大兴安岭、小兴安岭和新疆阿尔泰山等地区，

本区的安图、汪清林区有分布。在满语中，花尾榛鸡被叫作"斐耶楞古"，意思是树上的鸡，后来又演变出"飞龙"这一别称。历史上，它们就被当作飞禽珍品，清朝皇室曾命令东北林区的官员向北京进贡这种被称作"岁贡鸟"的鸟类。

花尾榛鸡的头上有短羽冠，身体大部分为棕灰色，雄鸟的喉部羽色为深黑色，雌鸟的喉部则是棕白色，且雄鸟的羽色比雌鸟更鲜艳。不同地方的花尾榛鸡，喜欢的栖息环境也呈现出差异性，如辽宁东部的花尾榛鸡活动最为典型的地方是阔叶杂木林以及红松、沙松、黄桦、杂木混交林、次生杨桦林等；小兴安岭地区的榛鸡喜欢以臭冷杉为主的针叶林；而长白山地区的花尾榛鸡则更喜欢兴安落叶松、杨桦林，海拔800—1000米。它们还会根据季节、植被的变化在林间进行垂直迁徙，生活习性也会发生变化。冬季大雪降临，长白山地区的花尾榛鸡就会从山下的潮湿地带向山中上部转移，在针叶林或针阔叶混交林中活动，并钻进雪中过夜。冬季食物缺乏，它们的觅食活动范围也相应扩大。春季白雪融化，它们就从山的

虎头海雕身披黑羽，体态雄健，展翼可超2米，性近水。

中上部向山下迁徙，这时候的食物非常丰富，除了植物的嫩枝、嫩芽、果实外，还有鳞翅目的昆虫、蜗牛、蚂蚁等偶尔也会成为它们的食物。在长白山海拔700—900米的地带，花尾榛鸡一般在5月进入产卵期，5月下旬至6月初就能孵出幼雏。

黄鼬、紫貂、青鼬、狐、狼、猞猁等食肉动物是花尾榛鸡的天敌，它们常在睡梦中被捕食。人类对森林的砍伐，严重破坏了它们的栖息环境，故其生存地带越来越小。

虎头海雕

虎头海雕是鹰科海雕属中体形最大的成员，繁殖区域仅限于西伯利亚东部沿海、堪察加半岛、萨哈林岛、库页岛、阿穆尔河三角洲以及朝鲜半岛等气候寒冷地区，越冬则迁往阿留申群岛、科迪亚克岛、朝鲜、日本北海道和琉球群岛等地，在中国的黑龙江、吉林、辽宁、河北、山西等省区有其活动的身影，却没有繁殖情况。它们常栖息在海岸及河谷地带，或溯流而上进入内陆地区。本区位于中、朝、俄三国边境，毗邻日本海，又有图们江贯穿，湿地沼泽面积较广，是虎头海雕理想的停留地。珲春曾有关于虎头海雕亚种的罕有记录，不过这种飞禽在本区只是夏候鸟，到冬天它们就会飞往河北等地越冬。

虎头海雕暗褐色的头部有类似虎斑的灰褐色纵条纹，故此得名。其体羽大部分为黑褐色且有如头部那样的纵条纹，其他部位的羽毛为白色；有14枚尾羽，比其他海雕要多2枚。它们的体重是鹰科家族中最大的，平均重约7千克，雌鸟体重一般大于雄鸟。其体长86—110厘米，翼展却有2米多

长，有着优秀的飞翔技巧。

虎头海雕性情机警、凶猛，不像其他海雕那么食性单一，除鱼类外，还捕食野鸭、天鹅、大雁等水禽以及野兔、鼠类等小型啮齿动物。每年4—6月是虎头海雕的繁殖期，它们将巢穴修建在海岸附近的林区河谷地带，通常每次产卵两枚。它们不是一种流浪性很强的鸟类，一个巢穴会连续使用多年，而且每年都进行修补。

罗纹鸭

罗纹鸭，又名葭凫、镰刀毛小鸭、扁头鸭，是一种繁殖于西伯利亚东部、中国东北中部和东部的中等体形的鸭属鸟类，在延边海拔800米以下的低山和山脚平原地带，可见到罗纹鸭的踪迹。它们总是生活在内陆湖泊、河流、沼泽、水库、苇塘和水塘等平静水域

中，白天喜欢藏在近水灌丛中栖息，早晨和黄昏时飞向浅水处觅食。它们的食物主要是水生植物、谷粒等，是一种植食性鸟类。

雌鸟和雄鸟异形异色，这是罗纹鸭极为特别的一个特征。雄鸟头部颜色为带金属光泽的紫红色，后颈及颈侧的羽毛是带金属光泽的绿色，上背部和肩部羽毛为灰白色，下背部和腰部为暗褐色，尾下覆羽为奶油黄色。雄鸟还有一个最显著的特征，与其他鸟类区别开来，它有向下伸展弯曲呈镰刀状的三级飞羽，拖曳在水中。相较于雄鸟亮丽的外表，雌鸟则显得低调许多，其羽毛以深棕色和黑色为主，尾羽长而尖。

每年4—6月是罗纹鸭的繁殖期。在求偶过程中，雄鸟会耸起头部的冠羽来吸引雌

鸟。它们的窝巢用灯芯草、芦苇、蒲草等建成，位于水边低洼处、沼泽地的草丛中。9月末，罗纹鸭常与其他野鸭集结成群一起飞往黄河下游、长江以南等地的水域过冬。

滩头鱼

它们一生中绝大多数的时间生活在海里，只有少数时间在河流急滩的产卵场上度过。它们是唯一生活在海水中的溯河性鲤科鱼类，属冷温性河口鱼，有三块鱼、远东雅罗鱼、勃氏雅罗鱼、高丽细鳞、大红线等名称，但更让人熟知的名字是滩头鱼。太平洋的亚洲沿岸——北起黑龙江河口、南至日本本州岛富山以北的沿海和河川是滩头鱼的分布范围。在中国境内，它们一般见于黑龙江、绥芬河和图们江等河流中。

头尖吻长、体侧各有一条纵带的滩头鱼体形较小，一般只能长到25厘米，但是性成熟较早，雄鱼只要2年，雌鱼3年。每年4月初至6月是滩头鱼的生殖洄游季节，它们分三批从日本海溯图们江和绥芬河而上，在河流急滩上产卵繁衍后代。第一批滩头鱼在4月初游来，数量少，个头也小，

雄性罗纹鸭的头部和后颈羽毛带紫红色、绿色金属光泽，鲜艳葱眼。

多为雄鱼，体侧的条纹为橘红色，因此被称为金滩头。第二批鱼是5月游来的，个体成熟度高，鱼体侧的条纹为银白色，人称银滩头；这一阶段是产卵旺季。6月夏至前后游来的第三批滩头鱼的数量是最多的，体侧的条纹为墨黑色，因此被称为黑滩头；这一阶段是生殖洄游的末期。绥芬河沿岸的东宁、图们江沿岸的珲春等地是滩头鱼的重要产卵地。20世纪60年代前，图们江上游、和龙南坪附近还有滩头鱼前来产卵，后来随着上游采矿所带来的水源污染，滩头鱼的产卵地越来越少，退至图们江下游一带。性成熟的滩头鱼多会选在天气晴朗的午后3点至午夜产卵，地点选在水流湍急、有落差的河滩上。它们会事先用嘴清理砾石，用尾巴挖出一个卵坑。此时，雄鱼会紧紧追逐雌鱼完成排卵和排精动作。

滩头鱼的食物在不同的季节会有不同。8—11月，以底栖生物、浮游动物、虾蟹等为主；12月至翌年2月，则是以藻类为主；3月份的食物则有浮游植物与浮游动物。由于滩头鱼肉质鲜美，是图们江和绥芬河沿岸渔民的捕捞对象。

	太门哲罗鱼	石川氏哲罗鱼
栖息水温	1—18℃	4—28℃
水底底质	沙砾	沙砾
成鱼食物组成	瓦氏雅罗鱼、红鳍、鲫、乌苏里白鲑、黄颡、狗鱼	宽鳍鱲、鮈、鲫
繁殖季节	5—6月	5—7月
繁殖水温	5—10℃	9—10℃
繁殖方式	水底产卵掩埋	水底产卵掩埋

太门哲罗鱼和石川氏哲罗鱼生物特征比较表

哲罗鱼

"细鳞，哲罗，七上八下"，说的是滩头鱼和哲罗鱼的洄游规律，包括春季生殖洄游和秋冬越冬洄游。每年5月中旬，当水温达到5—10℃时，哲罗鱼便从江河干流里成群结队地洄游到水流湍急、沙砾河床的小溪流中产卵；到10月结冰之前，它们就回到江河干流、湖泊深处越冬。与滩头鱼相似的是，哲罗鱼在产卵前也会用尾巴挖出产卵坑。于是出现了极为有趣的一幕：在哲罗鱼的产卵场上也有滩头鱼在产卵——不妨认为哲罗鱼的埋卵和护巢习性，其实是在提防滩头鱼。完成了生育使命的哲罗鱼会大量死亡，尤以雄鱼为多。

哲罗鱼是一种冷水鱼，通常生活在高寒地区水温较低（15℃以下）的湍急溪流中。在北半球，鲑形目鲑科哲罗鱼属的物种有4种：多瑙河哲罗鱼、石川氏哲罗鱼、虎嘉鱼、太门哲罗鱼。生活在本区境内图们江及其支流的哲罗鱼多为石川氏哲罗鱼和太门哲罗鱼。哲罗鱼体形为长形，头部略扁平，口裂大；身上有排列清晰的细鳞，体侧和鳃盖上有黑色小斑点。在生殖期，背部体色为苍青色的雄鱼色彩会发生变化，背部为棕褐色，尾鳍下叶呈橙红色，雌鱼变化不是很明显。这是一种非常凶猛的肉食性鱼类，游泳速度较快，行动敏捷。晨昏是哲罗鱼捕食的高峰期，它们从深水区游往浅水区捕食鱼类，以及在水中活动的鼠类、蛙类、蛇类等动物。秋季是其摄食最旺盛的时期，其次是春季，夏季因水温高而食欲降低，冬季则在冰下摄食，但是在生殖期会停止摄食。

由于森林采伐过度，河水污染程度增加，哲罗鱼栖息范围越来越小。同时，大量的捕鱼活动，使得哲罗鱼的数量越来越少。哲罗鱼现已被列为国家二级保护动物。

大马哈鱼

"少小离家老大回"，用贺知章的诗句来形容生活在大海中的大马哈鱼是恰如其分的。每年秋天，大马哈鱼不分昼夜地从大海洄游到江河上游，回到它们的出生地产下鱼卵，而后，雌性大马哈鱼就会死去。等到第二年春天幼鱼孵化出来之后，便随着江河回归大海，经过4—6年性成熟时再返回其出生地。它们一生只繁殖一次，出生和死亡都选择在同一个地方。

大马哈鱼是一种海河洄游性鱼类，为鲑科大马哈鱼属，可分为大西洋大马哈鱼和太平洋大马哈鱼两类。生活在北太平洋的大马哈鱼可分为6个亚种，太平洋西岸的亚洲海域分布有4种，其中有3种进入中国境内，即细鳞大马哈鱼、马苏大马哈鱼和大马哈鱼，最后一种亦称鲑鱼。这3种大马哈鱼都洄游到图们江、绥芬河以及珲春河、密江河等支流水域。

在离开海洋之前，大马哈鱼身体形成一层黏液，散发金属光泽。它们以每天30—50千米的速度溯流而上，洄游距离有时是3000多千米，有时达1万千米。它们进食浮游生物和较小的鱼类以补充能量，但更多是依靠在海洋储存的脂肪，随着脂肪减少，身上的光泽会慢慢暗淡。洄游过程非常凶险，它们除了要与急流搏斗，还要躲避各种大型鱼类、水禽、雕、熊等动物以及渔民的捕猎。

图们江中鮈

图们江和绥芬河流域气候寒冷，河水中生长着许多能忍受极低气温的冷水性鱼类，其中数量最多的是图们江中鮈，又被称作沙轱辘或大头鮈。它们是鲤科中鮈属鱼类，吻钝，前端浑圆，上下颌具有锐利的角质边缘，下唇两侧叶呈片状，口角长有一对胡须。其身体长形，有较大的鳞片，背部正中至尾鳍基有6个左右的黑斑。图们江中鮈生活在底质为沙砾的急流或急流稳水交界的清澈水流中。5—6月是图们江

图们江中鮈示意图

中鮈的产卵期，它们会分批将卵产于沙石底下。每年4月中旬、8—9月汛期以及小雪至冬至这三个阶段，是它们聚集的高峰期，因此常被渔民捕猎。

图们杜父鱼

在鲉形目杜父鱼科杜父鱼属中，大概有39种杜父鱼，有的生活在海水中，有的则生活在淡水中。其中，中国境内有5种，即克氏杜父鱼、杂色杜父鱼、图们杜父鱼、拇指杜父鱼和阿尔泰杜父鱼，分布在黑龙江、图们江、鸭绿江、乌苏里江、松花江和额尔齐斯河等地。图们杜父鱼是延边地区最为常见的杜父鱼之一，它们生活的区域除图们江水系外，还有黑龙江、鸭绿江，以及北欧、朝鲜等地。

图们杜父鱼的俗称叫大头鱼，头大而扁平，腭骨无齿，鳃盖膜与腮颊相连。其身体没有鳞片，侧线位于上侧，体侧有刺突，两个背鳍分离。它们如同图们江中的滩头鱼、大马哈鱼一样，属于冷水性鱼类，生活在水温较低、底质为沙砾的河流中上游以及支流，大多在底层活动。当然，如有可能，它们宁愿在石块或水藻下面栖息不动。不过，它们的体色会随着栖息环境的不同而发生变化。它们的食物很单调，就是水生昆虫及幼虫。它们不像滩头鱼、大马哈鱼、图们江中鮈那样肉质鲜美，因此图们杜父鱼很少被捕食，更多是被当作诱饵和鱼饲料。

二 经济地理

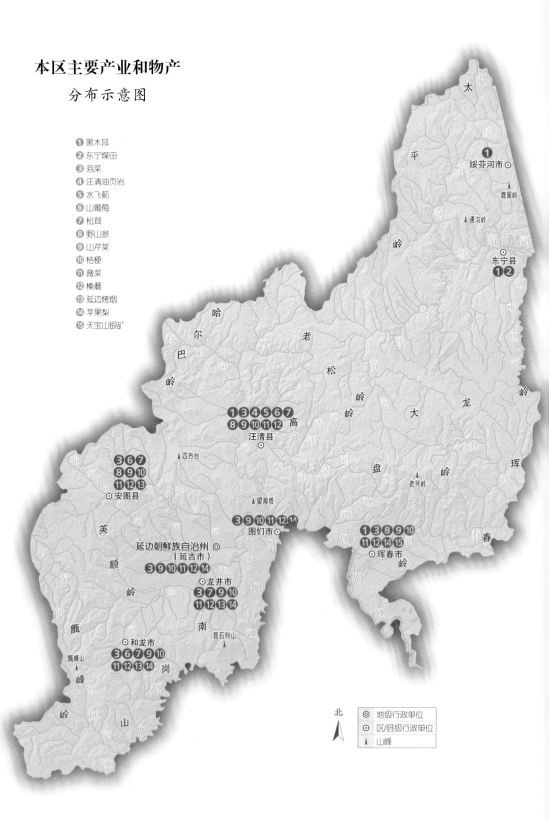

本区主要产业和物产
分布示意图

- ❶ 黑木耳
- ❷ 东宁煤田
- ❸ 泡菜
- ❹ 汪清油页岩
- ❺ 水飞蓟
- ❻ 山葡萄
- ❼ 松茸
- ❽ 野山参
- ❾ 山芹菜
- ❿ 桔梗
- ⓫ 薇菜
- ⓬ 榛蘑
- ⓭ 延边烤烟
- ⓮ 苹果梨
- ⓯ 天宝山银矿

太

小

绥

平

芬

河

岭

绥芬河市 ⊙

❶

鹿窖岭

通沟岭 ▲

东宁县 ⊙

❶❷

哈

尔

老

绥

图

巴

阳

松

芬

大

龙

们

岭

岭

岭

嘎

河

河

岭

岭

珲

❶❸❹❺❻❼
❽❾❿⓫⓬

高

汪清县 ⊙

盘

岭

珲

四方台 ▲

小

老爷岭

春

❸❻❼
❽❾❿
⓫⓬⓭

嘎

望海塔 ▲

英

安图县 ⊙

❶❸❾❿
⓫⓬⓮⓯

珲春市 ⊙

布

❸❾❿⓫⓬⓮

图们市 ⊙

岭

额

延边朝鲜族自治州 ◎
（延吉市）

❸❾❿⓫⓬⓮

岭

图

龙井市 ⊙

南

江

❸❼❾❿
⓫⓬⓭⓮

甑

昆石列山 ▲

峰

和龙市 ⊙

❸❻❼❾❿
⓫⓬⓭⓮

岗

甑峰山 ▲

红

岭

图

山

峰

们

江

北

▲

◎	地级行政单位
⊙	区/县级行政单位
▲	山峰

狩猎

本区地处长白山区，区内山脉纵横，河流密集，原始森林茂密，为虎、豹、熊、野猪、狍、麋、鹿、狐、獾、兔、野鸡、松鸡等野生动物提供了良好的栖息、繁衍环境。从出土的柳叶形石镞、骨器等文物判断，4000多年前，在延边地区过着定居生活的原始人即以狩猎为生。随后，虽然生活在这里的肃慎、挹娄、勿吉、靺鞨等通古斯族系的少数民族，利用河谷平原肥沃的土壤种植黍、粟、菽、麻等作物发展起原始农业，但是由于自然资源丰富，狩猎在他们的生产、生活中依然占据主导地位。如狩猎用的楛矢石砮就是肃慎最常使用的生产工具；西周时，他们来中原进贡，贡物中有一种类似鹿的动物"大麈"；勿吉之名，有"深山老林"之意，同样与森林里的狩猎有关，史载他们尤善捕貂。即使在宋、辽、金、元、明时期，满洲先民女真人最重要的生产方式仍是狩猎、游牧和采集业，"不赖耕种而一生"。他们有固定的狩猎季节，3—5月为春猎，7—10月为秋猎。狩猎一般是群体协作，少的10人左右，多则超过30人。他们白天行走于森林和河川中，晚上则返回休息地。这种狩猎组织是临时自愿组成的，并推举出首领。狩猎活动结束后，猎人回到自己的族寨，首领也就自动下台。

清初，满洲八旗在北京建立清王朝后，留在东北的满洲部落依然保留着先人们的狩猎传统。他们将猎取的兽肉、兽皮、兽骨等分成3个用途：一部分自己使用；一部分当作贡品进献给朝廷；另一部分则用作商品交易，换取生活必需品。满族人提倡围猎，他们将野兽作为活靶子，以磨炼骑马、射箭的本领，这也是清朝八旗兵进行训练和提高作战能力的实战演习。

渔业

图们江从南至北贯穿延边东部边境，绥芬河、嘎呀河、布尔哈通河、海兰河、红旗河、密江河、珲春河等众多河流流经本区，日本海位于本区东北部，相距4—15千米，密集的河流、茂盛的植被，为鱼类提供了优良的生存环境。滩头鱼、大马哈鱼、哲罗鱼、七鳃鳗、图们江中鮈、图们杜父鱼等珍贵鱼类在这里繁衍栖息。在珲春密江河上还建有大马哈鱼国家级水产种质资源保护区，以保护上述鱼类的产卵场和洄游通道。由于鱼类资源丰富，自古以来，渔业都是本区重要的生产门类。

历史上生活在这里的通古斯族系人过着以渔猎为主的生活。渤海国时期，境内渔业经济发达、水产丰富，造船技术也达到一定水平。在延边发现的古代遗址中，出土了大量捕鱼工具和鱼类加工品遗物，其

本区图们江、绥芬河水系支流发达，河中鱼类、水产不仅数量丰富，而且肥大鲜美，内销外运十分可观，使当地渔业始终兴旺。

中最有特色的是骨鱼镖和骨枪头，由此可推测当地原始捕鱼方法是用鱼镖叉鱼。后来，汉族迁入本区，带来了中原先进的生产技术，逐渐形成了以农耕为主的生产生活方式，原始渔业逐渐萎缩。

常年的捕鱼生活让本区渔民掌握了鱼类的繁殖周期，拦网捕捞于是成为重要的捕鱼方式。东宁三岔口新立村河段是中俄交界河段，每年5—7月滩头鱼溯流而上前往上游产卵，此时利用这里的地势下网捕捞往往能让渔民满载而归。1935年的《珲春乡土志》中曾记载：当时20余户渔民在12月捕获滩头鱼6200多尾。但水源污染、河流上源森林被砍伐，以及人类过度捕捞等问题开始制约自然捕捞渔业的发展，以养殖为主的渔业逐渐取而代之，本区渔业得以焕发新的活力。

稻作农业

公元前11—前10世纪，东北地区已经出现水稻栽培。延边地区的水稻种植史则相对较晚，大概开始于铁器时代的沃沮文化晚期，最早关于水稻的记载直到渤海国时期才出现。渤海国的"卢城之稻"是当时的名产，而卢城就在今延边境内。据推测，"卢城之稻"是经由山东半岛与辽东半岛之间的"胶辽古陆"，从山东半岛传入延边地区的。

近代延边地区稻作农业的发展离不开朝鲜移民的水田开发。明末清初，来自朝鲜的移民在图们江沿岸私垦田地，带来了水稻种植的经验，发展出了一套寒地种稻的技术。他们会根据时节适时进行早插，用

延边地区虽然山岭连绵，但在山间河谷和山前洪积平原，仍能开发出大片优质耕地，使这里成为东北农业发展较早

加温催芽的方式使秧苗得以长成，并通过调节水位来清除杂草。同时，他们兴建了一批水利工程，促进该地区水利灌溉技术的发展。延边地区最早的水利灌溉工程位于龙井智新，是1906年时，由14名朝鲜移民开凿的一条长达1308米的水渠。此后，龙井的水南村、磐石村、和龙的头道沟、平岗等地的朝鲜移民也相继开凿水渠。水利灌溉设施促进了延边地区稻作农业的进一步发展。1921年，延边水稻栽培面积由1915年前后的1平方千米扩展

的地区之一。

到64平方千米。19世纪前，本区栽培水稻品种主要北海道稻等品种；20世纪二三十年代则引进了天落租稻、鹿岛租稻、井越早生稻、松本糯等水稻品种。

本区的延吉、珲春、和龙、龙井和图们是吉林水稻栽培最早、分布最集中的地区。延边被称为"北方水稻之乡"，这里出产的大米颗粒大，油性足，品种好。布尔哈通河、海兰河等河流贯穿的延吉盆地内，水源充足，地表覆盖着肥沃的冲积土和草甸土，是发展农业的良好地带。不过，延边地处高纬度，无霜期短、水温低、昼夜温差大等气候环境对水稻生长带来了不利影响。

从封禁到开放

坐落在中朝边境的长白山自金代以来就被尊为神山，是历史上举行隆重祭奠活动的场所。在满洲人崛起之际，对长白山的尊崇也达到顶峰，视其为"祖先龙兴之地"，并于1638年起对长白山一带实行封禁，时间长达200年。清政府将兴京以东、伊通州以南、图们江以北的地区划为禁山围场，本区大部分被划入南荒围场的范围。同时，还将图

们江上游北岸流域、海兰河中上游地区划入封禁区内。

清朝对长白山一带实行封禁出于多方面因素的考虑。首先是通过封禁得以保存"满族之旧习"，避免因大量汉族人口的流入而被同化，以保"龙族血脉"。其次，清初由于东北地区长年征战，人口稀少，土地荒芜，而1644年八旗军入关更是造成东北驻防人数急剧减少。为确保后方的安全，从顺治至康熙中期，修筑起柳条边，用以标示禁区的界线。第三，长白山一带物产丰富，尤以人参、貂皮、鹿茸、东珠和木材为珍，为占有这些资源，清政府下令严禁当地居民以及流民翻越柳条边进入封禁区内打猎、采参、伐木等。此外，长白山一带与朝鲜接壤，边境地区常发生越境、盗猎、盗垦等冲突事件，实行封禁是确保边疆安全的需要。

封禁政策只是暂时的，随着康乾盛世社会经济的发展，关内人口迅速增长，中原地区土地兼并现象也日益加剧，人地之间的矛盾冲突促使关内许多人不得不越过柳条边进入地广人稀的东北地区。河北人闯关、山东人泛海，源源不断的流民从辽宁迁往更北的吉

柳条边　始建于皇太极崇德三年（1638），完成于康熙二十年（1681），是清朝统治者为确保东北祖地的"龙脉"不受损，以及防止汉族流民过度涌入东北同化满族人和乱采乱伐而于盛京（今辽宁）和吉林西南建立的一条封禁界线，沿途设有168个台和20个边门，包括从山海关至凤凰城的16座旧边门和威远堡以西的4座新边门（下图）。此外，还用作行政区域和经济区域的分界线。但实际上，柳条边没有任何工程建设和军事意义，只是在高、宽各1米的土台上，每隔1.67米插柳条三株，柳条之间用绳子相连而形成一道"绿色城墙"，墙外沿线还有一道约3米宽的护墙河，因其以"柳条成边"，故称"柳条边"（上图）。

林。1860年，俄国侵占中国黑龙江以北和乌苏里江以东100多万平方千米领土，迫使清政府采取"安置流民""开荒济用""移民实边"等政策，逐步废除封禁。

流民私垦

清政府对长白山一带废除封禁、开发图们江流域的举措，为关内移民和图们江对岸朝鲜流民的迁入以及东北地区的水田开发提供了基础。最早的流民来自辽东。清军入关后，为重建辽东受创经济，1653年清政府颁布了《辽东招民开垦令》，1668年招垦令虽然停止，但半个多世纪里仍有大批流民继续北迁，一部分流民就从辽东北移至吉林垦殖土地。嘉庆初年，流民进入吉林私垦土地的现象非常突出，特别是灾荒年份。

在清政府施行弛禁政策的同时，朝鲜的重大自然灾害也促使大批灾民跨过图们江，加入流民私垦行列。朝鲜移民具有善于耕种水田的传统，迁入东北后，他们凭借在朝鲜半岛的水田农作经验，大胆地在稍具水利条件的地方，尤其是在一些汉族农民放弃的草甸地、苇塘地和涝洼地上开发出片片稻田。据载，1890年左右在图们江沿岸钟城崴子（今龙井开山屯一带）开始出现水田，1900年海兰河畔的瑞甸平原和龙井智新大教洞附近也开始试种水稻。1900年后，珲春板石南秦泰一带开始试种水田。1905年，南秦泰、春化五道沟、密江中岗子等地已有水田12.6垧（1垧约合0.01平方千米）。到1911年，珲春全县水田面积已达185垧。在水田开发过程中，朝鲜农民还修建了一条条水渠。1906年龙井智新大教洞14名农民共同开掘水渠1308米，引河水灌溉33垧水田，这是延边地区最早的水利灌溉工程。1911年秋，延吉尚义（今延吉三道湾）八道沟朝鲜族地主延长沟渠12千米，灌溉面积95垧，翌年竣工。此后龙井的水南村、磐石村，和龙的头道沟、平岗等地的渔民也开掘

柳条边边门分布示意图

水渠。继而朝鲜农民在图们江北岸和海兰河两岸的平岗、瑞甸平原以及南北侧的山溪、布尔哈通河下游和嘎呀河下游的广阔地区广开水田，其中平岗平原的守信（今和龙头道沟一带）已成为比较发达的稻区。

佃民制度

所谓"佃民制度"，是指"九一八事变"爆发前在延边朝鲜移民中盛行的一种土地制度：即未归化的朝鲜移民借用汉族或已归化的朝鲜族的名义，购买土地而获得土地使用权。这种土地制度的推行有其深厚的历史根源和复杂的政治因素。19世纪60年代后，大批朝鲜人越过图们江进入延边地区私自开垦荒地。1881年，清政府决定实行弛禁政策，1885年设立越垦局，将图们江以北350千米长、宽22千米的和龙峪地区划为朝鲜移民专垦区，而招垦区则限于汉民开垦。自此，图们江以北形成了朝鲜垦民聚居区，他们的足迹延伸至海兰河、布尔哈通河流域。在越垦区内，只有剃发易服的朝鲜垦民才能获得土地所有权，而那些不愿归化入籍，但又不甘心将自己开垦出来的土地交给别人的朝鲜移民，则通过佃民制度的方

法来获得土地。显然，这种佃民制度是随着民族同化政策而产生的，在延边颇为流行。朝鲜垦民通过这种土地制度，能够将亲戚和熟人组合起来，互相扶持，以保障土地所有权。

最初，只要是剃发易服者，领取土地、缴纳租税，就被认为是归化入籍。随着1909年中日《间岛协议》的签署，日本利用延边朝鲜族人的国籍问题，扩大在延边的势力，涉及领土主权的土地所有权问题日益凸显。为此，延边当局制定了一系列规范朝鲜族人归化入籍的政策，限制朝鲜族人的土地所有权，从而进一步促使佃民制度的发展。

多以旱田开发为主。1906年，本区最早的水利灌溉工程在延吉竣工，由此掀起了兴修水利的热潮，和龙的平岗、头道沟等地也开始挖掘水渠，水田得以大面积开垦，地处海兰河沿岸的平岗平原也逐渐成为水稻的主产地之一。

平岗平原是一个海拔在250—300米之间的山间盆地，为海兰河的河谷冲积平原，地势平坦。在平原内部，除部分低山台地为白浆土和暗棕壤外，大部分地方覆盖着适宜种植水稻的水稻土，因此成为延边最大的水稻产地。这里的水稻土可以分为冲积型水稻土和草甸型水稻土两个亚类，

朝鲜族是东北地区最早修建水渠种植水稻的民族之一，这些水渠至今仍在当地人们的经济和生活中起着重要作用。

平岗水田

清末，大量朝鲜移民涌入本区和东北其他地区，带动了东北地区的水田开发。而本区虽然早已有大量朝鲜移民开垦，但从事水田开发者甚少，

前者土壤肥力高、易发苗；后者土壤的结构性能以及保水、保肥能力都很强。中温带半湿润大陆性季风气候还为平岗的水稻种植提供了适宜的气候条件：日照长、积温高、

雨热同季，7月最高气温可达到39℃，约618毫米的年平均降水量则为区内河流提供了充足的水源。海兰河是平岗平原水田最主要的灌溉源，此外福洞河、长仁河等也流经平原地区，水系发达，保证了水稻生长所需的大量水分。这里出产的大米质地坚硬，外观晶莹透明呈玻璃质，米粒黏性好，口感柔韧，因而在清代时被钦定为贡米。

采伐业

"八山一水半草半分田"，这是对本区地理环境的生动描述，其中"八山"既说明山地面积广阔，又从侧面反映出森林资源丰富。延边地处长白山区，森林资源优势显著，素有"长白林海"之称，区内植被属长白山植被区系，生长着1700多种高等植物，560多种低等植物，长白松、紫杉、红松、云杉、冷杉、水曲柳、黄檗、椴树等是区内珍贵的树种。

位于延边地区东北部的汪清更有"中国木业之都"的美称，森林资源丰富，其中柞树林所占比例最大，达到28％。汪清的森林采伐有着浓厚的人文意味，流传着许多林业行话：如木帮入山第一天俗称开

山；伐木人在伐倒树木之前会喊号子，称为喊山；当年不能运下山的木材叫困山；木材纹理扭曲交织的木段，称为盘丝头。此外，还有蚂蚁哨、红糖包、水罐子、迎门树、吊炮等行话。

延边现有森林面积3.19万平方千米，其中用材林占森林总面积的89％，历史上这里的林木采伐业开发较早，清前期开始就有大批木材运往山海关内。乾隆年间，大、小兴安岭和长白山区的林木采伐业发展规模更大。伐木人一般是结伴上山，俗称木把或木帮。从20世纪30年代至40年代中期，伪满洲国统治东北时期，延边地区的森林资源遭到掠夺性的采伐，此后几十年里大规模的采伐活动也并未停止，致使区内的森林面积和质量急剧下降，过伐林、次生林和人工林成为主要的森林类型，原始的阔叶红松林顶极群落日渐稀

少，现在仅能在长白山保护区内看到一些在火山爆发后的土地上形成的原生演替林。

放山人

本区的白山黑水孕育出了"百草之王"——人参，采挖野生人参很早就成了本区人们的重要营生方式。据《太平御览》记载，早在三国时期，长白山区的野生参已有采挖活动。到明末清初，采挖野山参成了生活在这里的女真人的一项重要生产活动。他们把上山采参称作"放山"，而采挖野山参的人则是"放山人"。放山人所采来的人参很少作为生活资料消费，明代以来，往往是通过马市、互市作为商品出售，以换取南方商贾的绸缎、食器、机釜、农具及其他铁制品等。

放山是一项集体进行的采集活动，放山人往往不单独上山。据《柳边纪略》记载：

民国时期，延边龙井海兰河边堆积如山的木材。

"凡走山刨参者，率5人为伍，而推1人为长，号曰山头……"一伙放山人一般为3—5人或6—7人，多的也有十几人。放山队伍里有3个重要人物：把头、边棍、端锅的——把头是这一伙人的领导者；边棍是副手；端锅的则是"后勤部长"。每年春季，放山人在把头的带领下进山，带上小米、挖参用具和防身的刀斧——长白山也是东北虎、黑熊等猛兽经常出没的地方。

放山人在山上搭棚而居，每天的任务则是进山去寻找人参。他们要在瘴气弥漫、野兽横行的原始森林中连续待上十几天到几个月，不少人在放山过程中受伤甚至丧命。开挖人参时，先在参的周围挑起一道沟，从参须子找起。年头越多的老参，开挖范围也越大。抬参时必须小心翼翼，要用半尺多长的鹿骨头钎轻轻拨土，连一根小小的参须都不能碰伤。如果是把参挖伤，或者破坏参须"跑浆"了，多好的参都卖不到好价钱。

在封建社会里，放山人还要遭受官府和参商的压榨和盘剥。民间所传的"富人口里一只参，挖参人眼中千滴泪"，正道出了放山人无尽的辛酸。

随着中俄两国边境贸易的开放，"跑崴子"已日渐消失，取而代之的是兴旺的小商品贸易，图为在绥芬河口岸满载而归的俄罗斯客商。

"跑崴子"

本区紧邻俄罗斯和朝鲜，与两国贸易往来十分频繁，绥芬河、东宁一带是中俄边贸开始最早的地方之一。1689年的《尼布楚条约》和1858年的《瑷珲条约》中都有关于保护两国民间贸易互市的条款规定。当时的民间贸易是以货易货，中方输出的多为谷物、陶瓷、纺织、肉类等，从俄罗斯输入的以兽皮、农具、燃油为主，并且在边境城镇集市上出现了专门与邻国商人交换商品的商店，可见边境贸易之繁华。

1860年，中俄签订《北京条约》，乌苏里江以东约40万平方千米土地被俄国侵占，因盛产海参而得名的海参崴从此被划入俄国版图。1886年，吉林边务大臣吴大澂与俄国进行谈判，签订《中俄珲春东界约》，争取到了从图们江出海的权利。此后，随着绥芬河、东宁、珲春一带越来越多人借出海权前往俄国的海参崴、摩阔崴等地做生意，当地人遂称他们为"跑崴子"。这些跨国小生意人将貂皮、人参、黄金带到俄国，换回那里的海带、海参等海产品和盐等。清末民初，东宁边境的三岔口就活跃着几千个"跑崴子"，他们是最早的边贸人。

1910年，俄国实行限制外国商品输入的政策，封闭了开放港口海参崴，引起远东市场混乱，使得粮食、布匹等日用品奇缺，物价上涨。这一局面促使中俄之间的"走私"贸易快速发展，"跑崴子"的队伍规模不断扩大。发展到今天，此地的边贸已到"倒包"阶段

本区与朝鲜、俄罗斯土地接壤，自唐代起就与两国有着频繁的贸易往来，每日都有大量的商人、小贩、市民出入边境采购商品，继而运返国内高价销售（图①）；改革开放以后，政府为促进国与国之间贸易，实现吸引外商投资及中国商品"走出去"等政策，更是定期在边境地区举办商品展销会（图②）；同时，政府也积极修筑铁路、口岸以方便货物运输，其中绥芬河铁路口岸是中国最大的原木进口口岸（图③）。

（这些边贸人也被称为"国际倒爷"），并且有了更规范、更大规模的边贸形式——互市。

中朝互市

早在唐朝与新罗时期，中朝之间就通过使节往来展开了官方贸易。北宋与高丽之间则主要是以"胡贡"和"回赐"形式进行官方贸易。到了明代，生活在东北地区的女真人与朝鲜展开贸易。清代，为解决农具和粮食缺乏的问题，中

江、会宁和庆源3个边市应运而生。为此，清政府在延边地区的和龙峪（位于今龙井智新）、光霁峪（位于今龙井开山屯）、西步江（位于今珲春三家子）等地设置局卡。鸭绿江中江岛上的中江1628年就已开市，曾一度停闭，1648年又重新开市。与和龙三合隔图们江相邻的朝鲜咸镜北道的会宁府城于1638年开市，与珲春隔图们江相望的朝鲜咸镜北道的庆源则是1646年开市。其中，会宁、庆

源开市又被称为北关开市。

三市交易的时间、人员、商品种类和数量都是相对固定的。清朝主管开市的部门最初是户部，1653年起归为礼部；朝鲜方面，组织开市的是当地官吏。中江互市分为春市和秋市，交易时间为每年农历二月和八月。中江市场上，朝鲜向中国输出的多是牛、海带、海参、棉布、纸张、盐等商品，中方向朝鲜输出的则主要是青布、绵羊、皮毛和帽子等物

品。会宁与庆源开市时间相隔很近，会宁开市是在每年的12月，庆源开市则是次年的正月，二者实行单市双市制，即子寅辰午申戌年只开会宁市；丑卯巳未酉亥年开会宁、庆源双市。朝鲜向中方输出的商品则是以牛、犁、釜、食盐等为主，中方输往朝鲜的商品则是羊、貉、獾、鹿、狗等普通动物的皮毛和小青布。初期的互市贸易多以官市为主，后来出现了私市。

1882年，中江、会宁和庆源一度停市。就在这年8月，中朝签订《中国朝鲜商品水陆贸易章程》，调整了两国边境贸易政策，促使互市贸易恢复且规模进一步扩大。中朝互市促进了延边边境地区农业的发展，随后带动了手工业的发展。互市贸易业刺激了朝鲜的国内手工制造、畜牧养殖等产业的发展。

"旗镇"

1896年《中俄合办东省铁路公司合同章程》签署后，中东铁路开始动工。中东铁路1903年7月14日建成通车，从俄国赤塔经中国满洲里、哈尔滨、绥芬河到达海参崴。绥芬河作为这条铁路在中国境内的第一站，被设立为通商口岸，并

迅速发展起来。俄国通过中东铁路向绥芬河销售食盐、砂糖、火柴和肥皂等商品，又从绥芬河运回小麦、面粉、大麦和荞麦等，每年经绥芬河出入的商品总量达到万吨。1904年，绥芬河的商铺已有90多家，并组成了商会。短短时间内，美、英、法、德、日、朝鲜、澳大利亚等18个国家的商人和侨民云集而来。他们从事国际贸易，并建有商业机构，在机构门前悬挂本国国旗，使这个建在海拔500米山坡上的边境小镇上空飘扬着五颜六色的旗帜。于是，绥芬河就有了"旗镇"之称。

绥芬河是与海参崴、哈尔滨同时发展起来的一座城市，20世纪20年代曾为东北北部的"第三特别市"，是东北最先开通火车，最先有汽车、电灯、电话的地方，一度被誉为"国境商业都市"和"东亚之窗"。20世纪50年代后，绥芬河成为国家一类口岸，至今仍是中国最大的木材进口口岸。

珲春开埠

1905年9月，日俄战争以俄国的失败告终，双方签订《朴次茅斯和约》，俄国在东北地区南部的权益转让日本；同年12月，日本与清政府签订

《中日会议东三省事宜正约》，清政府承认日本在东北的特权，同时开放东北三省16处为商埠，其中就有被誉为东北东南部第一重镇的珲春。

珲春的区位优势得天独厚，是中国由陆上进入日本海沿岸的唯一通道。它距离俄罗斯的波谢特港42千米、海参崴160千米，距离朝鲜的先锋港仅36千米、罗津港48千米，距离日本的新潟、韩国的釜山800千米，是中国经水路到俄罗斯、朝鲜东海岸、日本西海岸，乃至北美、北欧的最近点。优越的地理位置使得珲春无论是在政治、军事还是经济上，都受到清政府的重视。1881年，清政府在珲春设立副都统衙门，凸显出珲春作为边防重镇的地位。为加强边防，珲春城的对外交通、通信建设得到很大发展，这也带动了珲春经济的发展。1882年，中朝签订的《商民水陆贸易章程》就将珲春列为中朝陆路贸易地点。在1908—1912年间，珲春地区已有商户388家，以杂货铺最多。

虽然珲春开埠是在1905年确定的，但直到1915年才开始筹办开埠事宜，1918年划定埠址，次年成立商埠事务所

珲春贸易市场上的招牌，分别用中文、朝鲜文和俄文书写。

开埠。埠址位于珲春县城西门外，东起西门城墙、西至灵宝寺东、南抵红溪河、北触库克纳河，据载，当时有华商225家、朝商15家、日商44家。这一时期，珲春的手工业得到发展，越来越多的消费品可以自行生产。新式工业也在这时得以发展起来，1922年孔佩之创立了珲春电灯公司。1926年，孔宪林、林明辉建立旭春电灯股份有限公司，资本5万日元。1924年，吴珍、孙东生等人创办了民生火柴股份有限公司，与垄断珲春市场的日本火柴展开竞争，还输往周边的延吉、和龙、汪清等城市。到了20世纪二三十年代，珲春还成为大豆、烟草、麦、粟、烧酒、兽皮等商品的集散地。

"日本道"

唐朝是中日文化交流的鼎盛时期，濒临日本海的渤海国在这期间共出访日本34次，日本则出使渤海国13次，成为中日文化史的重要组成部分。以上京龙泉府为中心，渤海国有"日本道"、朝贡道、营州道、契丹道和新罗道5条对外交通命脉。"日本道"由陆路和海路两部分组成，陆路有初期和后期2条路线；海路则有北线、紫筑线和南海府3条航线。

渤海国初期的"日本道"陆路全长360千米，起始于旧都城（关于旧都遗址，有的说法是在敦化敖东城，有说位于永胜），终点位于俄罗斯东海岸的克拉斯基诺古城（克拉斯基诺又叫毛口崴，距珲春县城东南百里左右），途中经过哈尔巴岭余脉、布尔哈通河，进入延吉，继续向东经城子山城、河龙古城等，抵"日本道"的枢纽——东京龙原府所在地珲春八连城，然后到达波谢特湾，龙原府所辖盐州的毛口崴。755年，渤海国都城从中京显德府迁至上京龙泉府，此后"日本道"的陆路就从上京龙泉府出发，经过哈尔巴岭、嘎呀河谷至汪清，经渤海国龙泉坪古城进入图们，然后从图们进入珲春，到达东京龙原府。

"日本道"的3条海路航线中，北线和紫筑线都是从波谢特湾出发。北线到达日本本州岛中部北海岸的福井、石川等地，这些地方与奈良、京都相距不远。这条航线路程短，成为渤海国与日本往来的常行路线，除第五次走紫筑线和第九次走南海府线外，渤海国出访日本32次都是走北线。紫筑线则是从波谢特湾沿朝鲜半岛东海岸南下航行，到达北九州（即紫筑）。当时，位于九州北端的博多大津是日本重要的对外贸易港口。南海府线则是从位于现今朝鲜咸镜北道镜城南京南海府的吐号浦出发，沿朝鲜东海岸南行过对马海峡，然后抵达九州。渤海国与日本之间的出访往来，早期是出于政治、军事的需要，中期以商业贸易为主，后期则侧重于文化交流。

"东边道"铁路

1876年11月，清政府批准设立奉天东边兵备道，简称"东边道"，管辖今辽东地区和吉林东部长白山以南地区。20世纪30年代，为加强对东北地区林木、矿产资源的掠夺开发以及对苏联的军事防御，日本组织修建了北起绥芬河，南至大连，沿中俄、中朝边界及辽东半岛东海岸南北纵贯的铁路干线，这就是"东边道"铁路。1933年8月建成的敦图线，不仅实现了长春—图们铁路的全线贯通，还成为"东边道"铁路体系的基础线。日本就是在此基础上规划兴建起南北纵贯铁路，希望通过连接南北重工业基地，将东北建成亚洲最大的重工业基地。

现在的"东边道"铁路全长1380千米，由原来总长956.8千米的14条铁路（包括哈大、金城、城庄、丹大、沈丹、凤上、新通化、梅集、鸭大、浑白、和龙、朝开、长图和牡图）以及新建的庄河—前阳、灌水—新通化、白河—和龙三段423.5千米长的铁路相连通而

成，途经10个地级市、31个县市，横跨牡丹江、图们江、鸭绿江、乌苏里江和松花江上游五大流域。1945年苏联红军出兵东北时出于战略需要，拆除了绥宁、兴宁和珲春的铁路器材，部分路基和桥涵被毁。

本区是"东边道"铁路体系的重要地区，东宁—珲春线、图们—珲春线、长春—敦化—图们线、龙井—和龙线、白河—和龙线、牡丹江—图们线、哈尔滨—绥芬河线等路段都经过本区。其中白河—和龙线属于新修铁路，从安图白河到和龙，全长106千米。

古城里口岸

与朝鲜、俄罗斯接壤的延

边自治州设有八处对外通商口岸，其中坐落在和龙、龙井、图们和珲春四地的图们口岸、三合口岸、开山屯口岸、南坪口岸、古城里口岸、沙坨子口岸和圈河口岸等七处为对朝口岸，珲春口岸为对俄口岸。在这些对外口岸中，位于和龙崇善的古城里是设置年代较早的口岸，1929年即已设立。古城里北靠大、小军舰山，西临红旗河，南面隔图们江与朝鲜两江道相望。1933年，日本在古城里设置税关所，1953年中国在古城里建立边境检查站，1985年古城里被批准成为二类口岸。

古城里对岸的两江道地处长白山林区，是朝鲜最主要的木材产区，作为通往两江道的唯一通道，古城里口岸也由此成为仅次于珲春圈河口岸的中国第二大木材进口口岸。中方从朝鲜进口的木材主要是白松和桦木，以原木和方材为主。口岸建立初期，两国客货往来主要依靠简易木桥，1964年起开始有铁皮船往返运输；1994年，连接古城里口岸与朝鲜三长口岸之间的永久国境公路大桥——古里大桥建成，第二年正式通车，这也是图们江上第一国境桥。2000年之际，古城

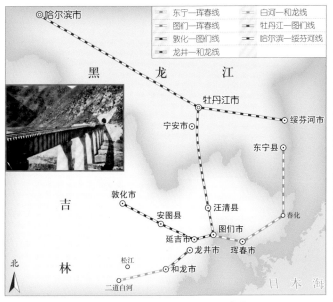

"东边道"铁路体系示意图。小图为"东边道"铁路实景。

113

里被确认为中朝双边客货公路运输口岸，允许双方公民、货物以及运输工具通行。

图们口岸

在连接"三国一海"的图们江流域，中国与朝鲜、俄罗斯长达755千米的边境线上，设有九处对外开放口岸。其中，位于图们江畔的图们口岸与朝鲜咸镜北道南阳通检所相对，是吉林唯一兼有公路桥和铁路桥的对朝口岸，也是中国对朝的第二大陆路口岸。

位于图们市区的图们口岸始建于1924年，20世纪30年代时不仅成为吉林和黑龙江两省货物的重要中转站，也成为中国与朝鲜、苏联三国商品贸易的中转站。图们铁路口岸始建于1932年；1933年图们正式开设商埠；1940年图们公路口岸开始修建；1954年中朝国际铁路正式运行。图们口岸是以铁路运输业务为主的对外口岸，受理中朝之间的国家贸易、地方贸易和边境贸易，同时还处理从图们过境的第三国进出口货物贸易。中国与日本的货物贸易中有一部分是从朝鲜清津转运，也是通过图们口岸处理。1945年中朝边民探亲制度确立，图们口岸开始受

图们连接中、朝两国的国门。每天从这里进出的通商旅客络绎不绝。

理中朝两国公民进出境事宜。1954年，图们铁路口岸开通国际联运，货物可原车过轨与朝鲜、苏联的铁路运输网联系起来。1984年，从图们经朝鲜清津到日本的"小陆桥"铁路运输正式开通，而对内有京图、长图、沈图和牡图4条铁路相连的图们口岸的进出口货物能力得到进一步提升。

图们口岸的公路运输虽然比铁路运输起步要晚，但也修建有与朝鲜南阳口岸相连的图们江公路大桥，通往清津和稳城郡。

天宝山银矿

天宝山矿区位于吉林—黑龙江海西地槽褶皱带的南缘，是形成于晚石炭世—早二叠世的多金属成矿带。岩浆与火山活动的活跃，为天宝山矿区的成矿提供了物质基础。

该地蕴藏着丰富的铜、铅、锌、银等，19世纪70年代中期，已经有流民进入天宝山地区私采银矿。

1889年，珲春招垦总局协同当地官员和商人程光第开发了当时号称中国东北最大的银矿之一——天宝山银矿，吉林将军、珲春副都统等官吏成为官股的代表，而被清政府赏封五品顶戴的程光第成为天宝山银矿的实际矿主。1892年，天宝山银矿共有东西两厂、炼砂炉50座、风箱炉42座，每天轮流开10座炼砂炉，能够烧砂7500余千克，提炼出白银280余两。从1890年到1898年，天宝山银矿共产银300万两。1899年，程光第由于亏欠公款5万两被革职，后官复原职。程光第与日本人合作，私下签订了《天宝山采矿草约》，规定"向朝鲜运出矿砂，中国官员

不得干涉"，银矿被日本侵占。1908年11月，以吴禄贞为首的中国官员从日本人手中收回天宝山银矿的主权。但是，1931年"九一八事变"后天宝山银矿主权又被日本侵占，直到1945年8月。当时银矿遭到严重破坏，1952年才开始恢复正常生产。

东宁煤田

位于东宁境内的东宁煤田蕴藏着丰富的煤炭资源，探明储量达到2.8亿吨。煤矿区在北东—西南方向上延展60千米，变质岩—花岗岩地带将煤田分隔成老黑山区和东宁区南北两部分。面积为240平方千米的东宁区煤田坐落在一个向东开口的马蹄形盆地内，北起绥芬河，南至石门子村，长20千米；西起东宁—大肚川一线，东抵与俄罗斯接壤的瑚布图河，宽12千米。而坐落在四面环山盆地内的老黑山区煤田面积为322平方千米，比东宁区面积要大，其北起老黑山村，南至黑瞎子沟，南北长23千米；西起二道沟河，东抵九佛沟河，东西宽14千米。

民国时期，东宁煤田就已得到开采。1931年，张作舟等人倡办了老黑山煤矿，有矿工23人，每天产煤上百吨。1959—1961年，人们对东宁区和老黑山区进行了煤层的勘探工作。东宁矿区含煤7层，其中4号煤层是主要的开采层，其最典型的特征是发育有大量树脂残植煤。高安矿区是该煤层发育最好的地带，厚达两三米，而狼洞沟矿区和三岔口矿区煤层厚度分别为0.9米和0.7米。三岔口除含4号煤层外，还是3号煤层唯一的分布区，平均厚度为2米。含煤层数为13层的老黑山矿区，仅有8号煤层发育较好。东宁煤田所产煤炭为长焰煤种，燃点为286℃，具有低硫、低磷、低瓦斯、高挥发分等特点，在民用、动力气化和化工原料领域都占较大的比重。

东宁煤田某矿区的开采场。

汪清油页岩

油页岩即油母页岩，是一种高灰分的固体可燃有机矿产，经过低温干馏能够得到页岩油，是石油、天然气等能源的补充。中国的油页岩资源储量在世界上居第四位，仅次于美国、巴西和爱沙尼亚，其中吉林的油页岩储量占中国总量的52.83%，延边地区的汪清罗子沟、百草沟和东光等地有着丰富的油页岩资源，其中又以罗子沟为典型代表。

罗子沟矿区位于汪清罗子沟盆地中北部的丘陵地带，在地质构造上属于两江—安图北东向构造带北端，盆地形成时期强烈的火山活动使得盆地内部沉积了厚厚的火山熔岩，再加上中生代盆地的湖水中有大量生物繁殖，为此地油页岩矿床的形成创造了地质环境。该地的油页岩矿床属于内陆湖泊型沉积矿床，油页岩中含有丰富的植物碎屑，以及以瓣鳃类、鱼类为主的动物化石。按照原始植物组成成因，可将油页岩划分为腐泥型、腐殖型和混合型（又分为腐殖腐泥型、腐泥腐殖型两种情况）三类，罗子沟油页岩则属于腐泥型和腐殖腐泥型。

盆地内的油页岩有29层，有7层是可以开采的，矿层厚度5—20米不等，平均含油率为6.04%，探明储量达到1.5亿吨。罗子沟油页岩矿床开发始于1958年，当时的汪清罗子沟炼油厂生产页岩油40吨，但两年后停产。

山芹菜

长白山地区山高林密，溪流众多，生长着种类繁多的野生蔬菜，其中维生素C含量是普通蔬菜十多倍的山芹菜最为著名，成为延边地区的出口蔬菜之一。在延边山地海拔500—1000米之间的针阔叶混交林、灌木丛、山坡草地、沟谷湿地以及溪流旁，都可以看到野生山芹菜的身影。这是一种适应性非常强的植物，东北地区以及俄罗斯远东地区是其主要分布区。虽然它也能在平地上生长，但生于灌木丛底层的山芹菜叶柄更长，更具有食用价值。

山芹菜是假茴芹属伞形科多年生草本植物，有大叶芹、短果茴芹之称，其矩圆状卵形的叶片长度可达16厘米，卵形果实长5厘米、宽4厘米。每年4月中旬，长白山地区的山芹菜开始萌芽，到了4月下旬，

成丛生长的野生山芹菜，其茎叶细嫩，吃起来比普通芹菜清爽。

当地人会去山中挖取山芹菜的根用于育苗栽植，挖取工作一直持续到5月上旬。5—6月是山芹菜的采集时节，其鲜嫩的茎叶是营养丰富的食物。

山葡萄

东北的长白山区和小兴安岭一带，生长着一种抗旱能力极强的葡萄属植物——山葡萄，这种植物是东北重要的葡萄酒酿造原料。山葡萄适宜冬寒夏凉、少雨、光照长的气候，喜湿润腐殖土壤，分布在海拔200—1300米之间的针阔叶混交林缘及杂木林缘地带，攀缘在乔木或灌木上。东北、华北以及朝鲜半岛和俄罗斯西伯利亚都曾是山葡萄的产地，而长白山区的安图、和龙、汪清、敦化、通化、柳河、集安、蛟河、舒兰、抚松、长白、临江等县市是山葡萄分布较集中的地区。不过，由于常年积温较低、降雨也偏多，该地区的野生山葡萄存在含糖量难以提高、总酸度偏高等缺点。

野生山葡萄是葡萄科落叶藤本植物，藤蔓长达15米以上，五六月开花、八九月结果，

比起葡萄来，山葡萄粒小而皮厚，成熟后黑紫色，酸度也比葡萄要高。

浆果为黑紫色带蓝白色果霜的圆球形。用山葡萄酿造的葡萄酒酒色深红艳丽，果皮可以用来酿醋，果渣可以用来提取酒石酸等。

1936年，日本商人饭岛庆三在蛟河老爷岭建立了世界首家山葡萄酒厂。20世纪50年代以前，野生山葡萄资源丰富，随着后来葡萄酒厂产量的逐渐增加，以及清林政策、放牧、砍柴及人为砍伐，造成野生山葡萄数量急剧减少。这种状况也促成了60年代开始对山葡萄进行人工开发和选育，使中国成为世界上唯一大面积人工栽培山葡萄的国家。

水飞蓟

地处长白山区的汪清森林资源丰富，盛产以人参、五味子、水飞蓟等为代表的中草药，其中汪清复兴农场是水飞蓟的主要种植地。作为一种药食兼用的经济作物，水飞蓟又名乳蓟子、奶蓟、老鼠勒等，原产于地中海沿岸的南欧、北非，是欧洲传统的观赏植物和蜜源植物。它的幼苗能抵抗零下

3℃的寒冷气温，对土壤、水分的要求也不高，适合寒地、沙滩地、盐碱地种植，因此20世纪70年代被引种到中国东北、华北、西北等地。在本区，水飞蓟一般是4月下旬播种，5月上旬出苗，幼苗可作为绿色蔬菜食用。

水飞蓟为菊科水飞蓟属草本植物，株高1—1.5米，每年6—7月开花，花头大如鸡蛋，花丝为紫色，是养蜂的好蜜源。头状花序自开花到成熟需25—30天，待种子成熟后需及时采收。其瘦果为长椭圆形，含黄酮醇类化合物，能从中提取出西利马灵等入药成分，是优良的护肝药物，早在公元1世纪的古希腊、古罗马著作中就有关于水飞蓟的记载。1972年，中国从当时的联邦德国引种水飞蓟，制成了能治疗肝胆疾病的"益肝灵"。

水飞蓟是一种药食兼用的经济作物。

松茸

有"蘑菇之王"之称的松茸，其名最早出现在北宋的本草书籍中，是口蘑属的一种食用真菌，又叫松口蘑、松薹。

延边地区每个县市都有松茸分布，又以龙井、安图、汪清和和龙最为集中，龙井天佛指山还建立了松茸保护区以保护松茸资源。

松茸是与赤松、红松、鱼鳞松和日本杉等松树共生的树木菌根菌，扁半球形的菌盖直径长5—20厘米，菌柄长6—13.5厘米，白色的菌肉有着特殊香气。适宜生长的地质条件是以花岗岩、三纪层或古生层为母质的粗骨质山地暗棕色森林土，通水透气性好，腐殖质层薄。在长白山区，松茸分布在海拔400—1000米之间以赤松—蒙古柞为主的针阔叶混交林带。松茸窝作为松茸孢子落地发芽、合成菌根并生长成熟的场所，是松茸生长发育的基础，多在山顶周围、山脊和山腰以上的西坡、西北坡和西南坡出现。

长白山区的松茸子实体变化发育适宜的温度是13.5—19℃。松茸菌丝生长速度极为缓慢，8月中旬至9月末是松茸的生长期。松茸是一种驯化栽培难度大的生物，虽然日本早

本区的松茸常被晒干制成松茸干，以便于储存和贸易。

在1909年就开始了人工栽培松茸，但一直属于半人工栽培。松茸生物学上的诸多特性限制了松茸数量的迅速增加。而松茸除了食用，用于糖果香料工业等，还可以用来制药，但需求量的激增使天然松茸资源遭到严重破坏，蕴藏量锐减。

野山参

长白山是野山参的故乡，也是如今中国野生人参的唯一产区，除此之外，朝鲜和俄罗斯亦有分布。其实，历史上的华北太行山脉也有野生人参的踪迹，不过早已被采挖干净。长白山系的安图、汪清和珲春等地，是延边地区野山参的主要分布地，清代就有放山人进山挖采山参。现存的野山参数量极少，已被列为濒临灭绝的物种。

野山参有着极佳的养生、保健、治病效果，被誉为"百草之王""万药之首"，在中国第一部药典《神农本草经》中被列为上品。理论上，山参由

芦（根茎）、艼（根茎上的不定根）、体（参体）、皮（参体外表皮层）、纹（外表皮层上的横纹）、须（细支根）和珍珠疙瘩（细小须根脱落的根痕）七部分组成。根据种子来源、生长环境和生长年限，可以分为野山参、移山参、育山参和充山参四类。在长白山海拔1000—2000米的玄武岩台地的低山东南向凹坡处，生长着温带湿润的针阔叶混交林，覆盖着山地暗棕色森林土或暗棕壤，是野山参生长的优越环境。在自然环境下，自然繁殖生长的野山参，包括典型的纯山参和畸形的艼变山参两种。纯山参的根茎粗大，从上到下可分为雁脖芦、堆花芦和马牙芦三段，即"三节芦"，有时也表现为"二节芦"。艼变山参则是纯山参的主根或根茎遭到损坏后继续生长形成的山参。优质的野山参一般具有生长年久、芦长、碗（即芦上的碗状疤痕）密、圆芦、

野山参的数量日益稀少，在国际市场上，一株50克左右的长白山野山参可以拍卖至数百万的天价。

体丰满、纹深而带螺旋状、有纺锤形的不定根、珍珠疙瘩大而明显、须坚韧等特征。

移山参是指被人移动过并栽种在野外的野山参，其历史可以追溯到明清时期的秧参。育山参的生长环境其实与移山参相似，两者最主要的差别在于前者的种子来自园参，后者的种子则是自然状态下的野山参。充山参又称类山参，其前期靠人工栽培，后期是自然生长。

桔梗

桔梗科草本植物桔梗，有四叶菜、铃铛花、和尚头等众多别称，其干燥根是一种传统中药材，在《神农本草经》中被列为下品。野生桔梗分布范围极广，海拔200—850米之间的荒山草丛、灌丛、林缘草地等都是其适宜生长之地。延边地区就有大面积的桔梗繁殖，不仅是当地著名的药材，也是有名的山野菜，因此，是当地重要的物产。

高40—100厘米的桔梗有着长圆锥形的粗壮根，光滑无毛的直立茎，深绿色的卵形叶片，其嫩苗是北方春季独特的蔬菜。桔梗根长期以来供作药用，

桔梗常被制成药材，但在延边地区，人们更喜欢新鲜食用或腌成咸菜。

具有宣肺、利咽、消炎、镇痛、抗溃疡等功效，常在秋季采收晒干。除此之外，桔梗根在秋季可以食用，常被生活在延边地区的朝鲜族人用来腌制桔梗咸菜。桔梗是一种开花时间长的植物，南方花期是5—10月，北方则是7—9月，钟形花冠呈现出蓝紫、蓝、白等多种颜色，因此是不可多得的观赏花卉以及插花原料。

薇菜

北方积雪融化后的五六月间，在海拔300—1100米之间的山坡、疏林、沼泽、草甸等阴湿的偏酸性土壤地带，丛生的薇菜开始长出卷曲的嫩叶，全身披满黄色或紫色的绒毛。薇菜的学名叫紫萁，又俗称牛毛广，是蕨类植物门紫萁科的多年生草本植物。它很少出现在海拔

300米以下的地方，海拔500米以下生长的薇菜植株细小，海拔700米以上则是薇菜生长旺盛地带。吉林是薇菜特产大省，其中以延边、通化、浑江等地最多，辽宁、黑龙江、陕西、甘肃等地的山区也出产薇菜。

当嫩叶长到18厘米左右时，人们便将红褐色叶柄粗壮的嫩叶从根部采摘下来，并将叶柄的卷钩头掐掉，将薇菜的根部在地上擦一擦，以免水分快速流失。这样的采摘一般可连续进行3次，直到卷钩半伸，开始老化便不再适宜采集。薇菜有雌株和雄株之分，采摘时最好是选择顶部卷曲呈圆形的雄株。采集下来的鲜嫩薇菜是营养丰富、味道鲜美的山野蔬菜。在延边地区，薇菜不仅鲜食，还可加工成薇菜干，并出口到日本，日本人将其誉为"山珍"。干菜加工主要有去毛、水煮和晾搓三道工序，加工完成后的薇菜干为棕褐色，有光泽，叶卷曲而多皱纹，干爽且富有弹性。

蕨菜

作为一种分布广泛、适应性强的野生经济植物，蕨菜被誉为"山菜之王"。蕨菜是凤尾蕨科多年生草本植物，又有如意菜、龙头菜等别名，是长白山区出产的众多山野菜品种之一，地处长白山东部余脉的本区自然也是储量丰富之地。20世纪80年代中期，本区的蕨菜资源是整个长白山区的1/3，尤其是以汪清、图们、和龙产量为多。

蕨菜适宜生长在海拔150—1600米之间、土壤呈酸性的向阳地带，在以蒙古栎为主的阔叶林或针阔叶混交林间的空地以及草地、缓坡上，蕨菜往往成片生长，特别是在湿润肥沃、阳光充足的地方长势繁茂。每年4月下旬，本区的蕨菜开始生长，5月中旬至6月上旬是采摘嫩叶的最好时节，采收时要选择叶卷如拳头、叶柄粗壮、长20多厘米的蕨菜；接下来的6月至8月则是挖掘蕨菜全草的季节。采集而来的蕨菜除了鲜食外，还可加工成盐渍蕨菜。蕨菜全草可以入药，对治疗慢性关节炎、高血压、头晕、失眠等有疗效。

由于蕨菜经济价值较高，本区的蕨菜从20世纪90年代起遭到掠夺性采挖，再加上蕨菜主要靠根状茎繁殖，生长缓慢，使得长白山区的蕨菜资源急剧减少。

榛蘑

在长白山林区中，有许多可以食用的蘑菇，其中就有东北名菜"小鸡炖蘑菇"所用的材料——榛蘑。因其一般多生在浅山区的榛柴岗上，故而得名"榛蘑"，又有蜜蘑、蜜环蕈、栎蕈等别称。榛蘑是东北地区一种普遍采食的野生食用菌，延边、通化、白山等林区是其在吉林的主要分布地。此外，河北、山西、黑龙江、浙江、福建等省区也有分布。榛蘑滑嫩爽口、味道鲜美、营养丰富，堪称名副其实的"山珍"。

刚采摘下来的新鲜山蕨菜被马上加工成盐渍蕨菜。

榛蘑属蜜环菌担子菌纲伞菌目白蘑科，其个头大，柄粗壮，肉厚实。它们通常群生，在一个伐桩、树干基部或树根上丛生数十个子实体。成熟后的榛蘑菌盖直径可达10厘米以上，菌盖上有纤维状茸毛，盖面为蜜黄色、乳酪色或咖啡色，6—10厘米长的菌柄上有蜜环。圆柱形的菌柄细长且为空心，菌肉为白色。从营养方式上来看，榛蘑属于兼性寄生菌，能够引起多种乔木、灌木、半灌木及草本植物的根腐。在延边地区，它们于夏秋季寄生在松属、冷杉属、落叶松属、桦属等植物的树干基部、朽根、倒木及埋在土中的枝条上。

黑木耳

中国是木耳的生产大国，木耳主要有毛木耳和光木耳两种，前者就是人们通称的野木耳，腹面平滑，而背面多灰色或灰褐色绒毛；后者两面光滑，呈半透明状，光木耳也就是东北地区有名的黑木耳。云南、广西、贵州、四川、湖北等都是黑木耳的主产地，而吉林和黑龙江两省出产的黑木耳就占到中国总产量的一半以上，质量也最为上乘，其中仅是东宁就占到了总产量的17%。东宁是本区最早生产黑木耳的地区，汪清的黑木耳产区也有近百年历史，绥阳是中国最大的黑木耳基地，珲春等地的黑木耳产量也很大。

黑木耳是木耳科真菌木耳、毛木耳或皱木耳的子实体，因多寄生在桑树、栎树、榆树、杨树、槐树等朽木上，且形似人的耳朵，颜色为黑或黑褐而得名，又有木菌、树鸡等称呼。它不仅可以食用，还能入药，《神农本草经》就有关于黑木耳药用价值的记载。相比毛木耳，黑木耳质地较柔软，味道也更鲜美，因此得以大量人工栽培，而中国早在隋唐年间就开始人工栽培。本区有丰富的木材资源，日照充足，昼夜温差大，气候凉爽，土壤水分适中，非常适合黑木耳这种木腐菌的生长。

延边出产的木耳质地厚软，富有弹性，个大、色泽黑、口感好。黑木耳的采收有春、伏、秋三个阶段，从清明到小暑前采收的黑木耳叫春耳，小暑后采收的则为伏耳，立秋之后采收的木耳叫秋耳。春耳个大肉厚，质量好；伏耳质量差，但产量最高；秋耳个小，质量在前两者之间。

苹果梨

在寒地果树中，延边特产苹果梨具有举足轻重的地位，属于沙梨系的寒地梨，最初名叫"真梨"，因外形酷似苹果而得名苹果梨。1921年，龙井桃源小箕村的朝鲜族人崔范斗从朝鲜咸镜南道北青郡带回6枝梨树的接穗嫁接到北方耐寒山梨树上。后又经过崔范斗兄长崔昌浩和金尚旭、赵国权等多人的培植、引栽，最终成为今天的延边苹果梨。苹果梨树高可达

形如苹果的梨——苹果梨。

5米，每年5月中旬开花，9月即可成熟，具有丰产、耐贮存、肉质脆而多汁等特点。在朝鲜族的生活习俗中，苹果梨不仅是可口味美的新鲜水果，还是腌制泡菜、花菜类小吃的原料之一。

苹果梨性喜冷凉湿润的气候，能忍耐零下30℃的低温，在海拔300米左右、昼夜温差大的丘陵坡地上生长良好。地处高纬度寒冷地区的本区位于长白山脉，并靠近海洋，山地丘陵面积较广，再加上来自日

本海的湿润气流的影响，这里具有适宜苹果梨生长的生态环境，龙井、和龙、延吉和图们成为苹果梨的主产地。1949年，这些地方的苹果梨产量只有12吨左右；1987年的产量就达到2.4万吨。自20世纪50年代起，延边地区先后建立起龙井果树农场、延吉园艺农场、和龙果树农场、图们园艺农场和珲春果树农场5个面积超过万亩的大型苹果梨园，其中龙井果树农场是中国最大的苹果梨基地。

延边烤烟

烤烟是长白山区重要的经济作物，其中以延边烤烟最为有名，是中国七大产烟区之一。这里气候温和，水源充足，昼夜温差大，土壤肥沃，丘陵众多，适于大面积种植烤烟，龙井、和龙、安图等县市是烤烟的主产地，不过以和龙与龙井所产最佳。延边烤烟多分布在海拔300—500米的山麓与缓坡地带，所适应的土壤

延边地区自然条件十分适宜烤烟生长，种植出来的烟叶肥大、纯净、品质高。

苏子一般有紫苏（左图）和白苏（右图）两种，前者药用，后者榨油。

为腐殖质较多、排水良好的棕黄土和冲积土。每年八九月是烟农采收烟叶的繁忙季节，采摘后的烟叶被捆扎成把送进烤烟楼内烘烤。烘烤4—6天后，经变黄期、定色期、干筋期之后，烟叶烤制完成。

1936年，延吉（今龙井）烤烟试种成功，后来传播扩散至延边各地，延边兴起了黄色种烟种植业。20世纪50年代初，延边烤烟业得到迅速发展，1952年延边烟叶面积增加至77.3平方千米，产量超过1万吨。尽管延边是个比较大的烤烟产区，但品质与云南出产的优质烤烟还存在一定差距，如含糖量偏高，烟碱量偏低。不过，延边烤烟也有其自身的特色，气味醇和，组织细软，最大的特点就是"黄、鲜、净"。此外，延边还盛产晒红烟，其调制过程全部采用日光干燥，叶色深红，具有高浓度、

高香气、劲头足、燃烧性好、持火力强等特点，是中国三大著名晾晒烟之一。延边种植晒红烟的历史可以追溯至清初，开始大多为黄花烟，后来被红花烟所取代。

苏子

特种小油料苏子又名荏，为唇形科苏子属一年生草本植物，原产于中国，种植历史有2000多年，亦是本区的特产。苏子一般有白苏和紫苏两种类型，二者在形态上的区别明显，功用也有所不同。白苏的叶是绿色，花为白色，香气较差；紫苏的叶则多呈现紫色，或一面青一面紫，花为粉红或紫红色，香气较浓。它们的幼苗和嫩叶可以食用，但紫苏作为药用的情况较多，种植较少，而白苏多被用来榨油。

苏子的茎直立，呈方形；卵圆形的叶对生且有叶柄，边

缘有锯齿；主茎和分枝的顶部生有总状花序，自花授粉；每个蒴果总有4粒种子，种子含油率接近50%。苏子油是一种重要的工业原料，可以用来制作雨伞、雨衣、油漆、油墨等。苏子饼渣则是喂养家畜的好饲料，也可用作有机肥料。作为一种经济作物，白苏被广泛种植。人们一般选择5月上旬作为播种期，当苏子长出五六对真叶时即可采收叶片，种子则要等到9月下旬方可收获。

延边牛

鲁西牛、秦川牛、南阳牛、晋南牛、蒙古牛和延边牛是中国六大黄牛品种，其中属寒温带山区品种的延边牛是本区特有的优质牛种。从牡丹江、松花江和合江流域的宁安、海林、东宁、林口、桦南、桦川、依兰、勃利、五常、尚志、延寿、通河，到辽宁鸭绿江沿岸的宽甸，整个东北三省的东部狭长地带都可见到延边牛的身影，但最为重要的产地是其名字由来的延边地区，本区境内的延吉、和龙、汪清、珲春、东宁等县市都有饲养延边牛的传统。

延边牛的出现与本区朝鲜族人聚居有着密切的关联。朝鲜族人素有养牛习惯，早在19世纪初，朝鲜牛就经图们江流域的互市贸易进入东北地区，并与当地牛种长年进行杂交，培育出了役肉兼用的品种——延边牛。朝鲜族人对养牛有一套精细的饲养管理方法，夏季采用放牧方式，冬季则实行让牛住暖圈、饮暖水、吃暖饲料的"三暖"饲养方法。此外，朝鲜族人喜种水稻的传统，使得延边地区开垦出面积广阔的水田，对牛的需求量也相应增加。长年役用于农业生产，再加上饲养户的严格选种选配，经过优胜劣汰之后培育出来的延边牛，其体形上具有体格结实、胸部深宽、骨骼坚实、皮厚而富有弹力等特点，而且具有耐寒、耐粗饲、抗病力强、使役持久力强等品质。

虽然延边地区是东北水田面积广阔的地区，但也是山地分布广的山岳地带。延边牛一方面满足了水田和旱地耕作所需的畜力，另一方面又适应了攀爬山路和在倾斜地带工作的环境，是延边重要的役用牲畜。区内土地肥沃，大量的天然草场以及林间牧地为延边牛的繁衍生长提供了优质的饲料来源和生长环境，有利于养牛业的发展。

米酒

4000多年以前，最原始的米酒就已经出现了，米酒在古代叫醴，又名醪糟，是一种以糯米为主要原料，经过酒药、酒曲中多种有益微生物的糖化发酵作用酿造而成的低浓度发酵酒。米酒在中国南方是很传统的地方酒类，也是生活在延边等地区的朝鲜族人的传统佳酿，在朝鲜语中称作"麻格里"。

朝鲜族人爱喝米酒，曾号称米酒是他们的"民族酒"，常常在家自行酿制。喜庆节日或者有客人来访，米酒都是必备的佳品。这种米酒味甜，色呈乳白色，比黄酒稍白一些，酒精度与啤酒差不多，但后劲很足。朝鲜族米酒用糯米作为原料，酒曲则是将发出3厘米长芽的玉米晒干碾碎，与磨成糊状的糯米粉和在一

延边牛是本区役肉兼用的优质牛种。

起制成曲胚，而后置于热炕上发酵三四天后阴干即成。

米酒的具体酿造过程大致可以分成三步：先将糯米用清水浸泡数小时后倒入筲箕沥干，再将糯米放入蒸笼内蒸熟；然后，将煮好的米饭倒入盆里任其冷却至不烫手的程度，放入适量凉开水拌匀，并把酒曲磨碎后放入糯米中再次拌匀；第三步则将拌匀好的糯米放入一密闭容器内，容器中间留一个小凹洞，在剩余的酒曲粉末中加入凉开水，洒在糯米表面，再将容器密封，并用棉絮包裹。一般而言，米酒发酵需要的温度是30℃，因此冬天酿米酒时要将其放到炕上保温。

泡菜

延边的朝鲜族人保留了许多具有民族特色的饮食，如冷面、狗肉汤、打糕、泡菜、酱汤等。其中，用大白菜、萝卜和红辣椒制作的泡菜，更是朝鲜族人最喜欢的一种食物。由于制作泡菜使用的原料多为大白菜，所以泡菜又叫辣白菜，朝鲜语叫"克伊姆奇"或"吉木其"。过去，泡菜一般在冬季食用，而现在一年四季都能见到它。朝鲜族人会根据季节的

延吉市集上品种繁多的传统泡菜。

不同而给泡菜以不同称呼，冬天吃的叫沉藏泡菜，春夏秋三季吃的叫暴腌菜。

无论是本区的农村还是城镇，朝鲜族人家每年都会做大量泡菜，多则达几百千克，因为这些泡菜要从冬天一直吃到第二年春天，且几乎是每餐必备菜肴。每到大白菜丰收的秋季和冬季，人们将新鲜待腌的白菜（萝卜、辣椒、黄瓜、豆芽等都可以腌成泡菜）放入大缸中，每放一层白菜就放入一层用红辣椒、苹果梨、生姜等佐料搭配而成的调味品，并撒入少量盐，以此方法依次摆

放。然后往缸中倒入清水，并将容器口密封。待一个月后就可食用。盐的作用除了调味，更重要的是利用食盐溶液的高压渗透作用来脱去蔬菜中的水分和青辣气味。

元代鲁明善撰写的《农桑撮要》一书中曾有关于当时汉人腌菜"一月后可食，用一二鹅梨则香脆"的记载。这种数百年前汉人用梨来腌菜的方法，与现今朝鲜族人在泡菜中放入苹果梨的腌制法颇为相似，但据此也很难推断朝鲜族的泡菜腌制法是否就是古代汉人腌菜方法的延续。

本区主要历史遗存

分布示意图

① 五排山城
② 率宾府遗址
③ 东宁要塞群
④ 罗子沟古城
⑤ 百草沟遗址
⑥ 黑曜岩遗址
⑦ 凉水断桥
⑧ 凉水泉子
⑨ 延吉边墙遗址
⑩ 城子山山城
⑪ 延吉边务督办
　　公署楼
⑫ 大六道沟遗址
⑬ 大荒沟
　　抗日根据地
⑭ 萨其城
⑮ 八连城

⑯ 温特赫部城
⑰ 裴优城
⑱ 东炮台·西炮台
⑲ 间岛日本
　　总领事馆
⑳ 井泉
㉑ 金谷遗址
㉒ 龙头山古墓群
㉓ 兴城
　　青铜时代遗址
㉔ 西古城

安图人

1963年，安图石门境内石门山南坡的一个石灰岩洞穴中发现了一批更新世哺乳动物化石，属于猛犸象披毛犀动物群。第二年，考古学家又在这个洞穴中发现了与哺乳动物化石共生的古人类化石——一枚古人类牙齿化石。这枚保存完整的牙齿化石属于右下第一前臼齿，长度与现代人基本相同，颊尖和舌尖的大小与现代人也无太大差异，从牙齿咬合面的磨损程度推测应该为中年女性。考古学家从牙齿的形态结构以及洞穴中伴生的哺乳动物化石年代，确定其是晚期智人化石。这是吉林境内首次发现的古人类化石，被定名为"安图人"。

根据哺乳动物化石和石制品所提供的信息，安图人生活的年代大约是距今2.6万年前，与河套人生活的年代相当或略晚。那时地球上气候寒冷，温度比现在至少低5℃。这个安图人生活的天然洞穴，南临布尔哈通河，高出河床25米，洞穴周围山地上生长着冷杉、云杉、松树等寒冷地带的植物，还有桦树、榆树以及卷柏等植物；蒿科、菊科、十字花科植物，在山间平地和河谷两岸生长茂密，呈现出一片森林草原的景观。丰富的植被为安图人提供了采集食物的来源。生活在冰原气候条件下的猛犸象、披毛犀，以及在林间、草地上繁衍生息的熊、虎、鼠、兔等动物，都是安图人狩猎的主要对象。

复原后的安图人。

《山海经》中描述的肃慎人：住山洞，裸身，平时把猪皮披在身上，冬天涂上一层油御寒；擅长射箭，力大无比。

肃慎

纵观东北地区的历史可以发现，挹娄、勿吉、靺鞨、女真、满洲等众多古老的民族都与肃慎有着莫大关联，都是从肃慎衍生发展而来。先秦时期的肃慎，到汉晋时演称为挹娄，南北朝时改称勿吉，隋唐时代则演变成靺鞨，五代时期出现了源于黑水靺鞨的女真，到了明末，女真在皇太极统治时改称满洲。这些民族被统称作通古斯族系（又称肃慎靺鞨族系），在文化上有着明显的传承关系。

肃慎又称息慎、稷慎，虽然《逸周书》《左传》《大戴礼记》《山海经》等先秦两汉历史文献对其有所记载，但历史上关于肃慎的起源和分布仍是众说纷纭。起源方面的观点主要有山东半岛和燕山山脉的迁移说，以及本地繁衍的定域说。至于肃慎分布的范围，有人认为肃慎是生活在东北白山黑水之间的先秦居民；有人说是生活在辽河上游和辽西；还有一种观点认为春秋以后，肃慎才逐渐从辽河流域迁徙到牡丹江、绥芬河和图们江流域。

肃慎人的社会结构是原始的氏族社会，那时虽然已经出现了锄耕农业，但渔猎仍是他们的主要生产方式。为了抵御冬季寒冷的气候，肃慎人居住在半地穴房屋里，夏天则巢居或逐水草而居。男女分工合作，男子从事捕鱼和狩猎，妇女则以家务劳动和纺织为主。肃慎人可能是东北地区最早驯化野猪和野狗的民族，他们喜养猪，死后也用陶猪来随葬，因为猪不仅提供可以食用的猪肉，还提供用作衣服原料的猪皮。关于肃慎与中原的交往可以上溯到传说中的五帝时期，《竹书纪年》记载虞舜"二十五年，息慎氏来朝，贡弓矢"，由此可知肃慎人擅长制作箭镞，这也正符合他们以狩猎为主的生产方式。

北沃沮

关于沃沮最早的记载，出现在《三国志·沃沮传》一书中，说的是公元前109年，汉武帝攻灭卫氏朝鲜，在沃沮地设立玄菟郡，郡治在沃沮城，管辖范围包括现今朝鲜咸镜南道、咸镜北道和中国珲春等地。

历史上的沃沮属于秽貊族系，是东北地区的三大族系之一。沃沮至汉代仍处于氏族社会阶段，未能形成统一

的政治力量，一直处于附属地位。到了东汉时期，沃沮分化为北沃沮和南沃沮。南沃沮又被称为东沃沮，因在高句丽盖马大山之东，即今长白山以东而得名，其范围在今朝鲜东北部铁岭、大同江以北的地区。而北沃沮主要包括今黑龙江东南部和吉林东北部的图们江以西、长白山以北地方，本区珲春、延吉、汪清、和龙、东宁等大部分地区都属于北沃沮的范围。从汪清百草沟遗址，到东宁大城子遗址、团结遗址、珲春一松亭遗址，都可以看到北沃沮人的文化遗存。

汉代时，北沃沮进入早期铁器时代，这是其发展的鼎盛时期。北沃沮人居住的地方有山地，也有受日本海温暖季风影响的河川盆地、河流冲积平原，过着以农耕为主的定居生活。他们将铁制工具用于农业生产，熟练地掌握了从种到收以及加工谷物的生产技能。他们以村落形式居住在长方形的半地穴房屋中，出现了由灶和低"火墙"组成的取暖设施，由此可看出北沃沮人的房屋结构和营建已比较复杂。陶器是北沃沮人重要的生活器具，具有体高厚重、耳呈圆柱状、小

平底的特点。此外，北沃沮人也从事渔盐生产，乘船去海中捕捞海产品，并掌握了制盐方法。

女真人

713年，唐玄宗册封粟末靺鞨部落首领大祚荣为渤海郡王；926年，渤海国被契丹耶律阿保机所灭。渤海国灭亡后，一部分渤海国遗民南迁，靺鞨最大两个部落之一的黑水靺鞨也随之向南扩张，被契丹人称为"女真"，而"靺鞨"一词则逐渐消失。为避辽兴宗耶律宗真讳，"女真"曾一度改称为"女直"。在契丹统治时期，女真人被分成熟女真和生女真两部，前者汉化程度较深，迁徙至辽宁境内，编入辽朝的户籍；后者依然居住在今松花江北岸、黑龙江中下游，并分散到现今俄罗斯濒海一带，没有编入辽朝的户籍。生女真有72个大小不一的部落，其中以由12个氏族组成的完颜部最大，延边的中南部地区就属于完颜部势力范围。延边附近还有所谓长白山女真三十部，其与生女真一起被认为是女真族的主体。绥芬河、图们江、珲春河流域直达日本海沿岸的耶懒河也

金朝《套马图》中所描绘的善骑的女真人。

有女真部落的身影。

1115年，完颜阿骨打建立大金政权，统一了女真各部，在图们江南北设立海兰路，延边地区就属于该路。到了明代，由于女真人的不断迁徙，其在东北地区分布范围极广，根据南北地域不同，分为建州、海西和东海女真三大部。生活在延边地区的女真人属建州女真，成为清朝的发祥地。明末清初，延边地区的女真人大多被编入清八旗南下入关。

女真人已经由通古斯族系传统的半穴居生活发展为室居。早期，他们的社会生产以渔猎采集为主；到了后期，虽然农耕被提到了主要地位，但渔猎和采集仍是获得生产资料和生活必需品的重要途径。明代，女真人需要狩猎和采集当地珍贵的貂皮、人参、木耳、蘑菇、松子等特产，一方面以满足归顺明朝后的纳贡需求，另一方面用来和中原和朝鲜半岛交换铁器、耕牛、农具等农业生产工具，用以发展农业。东北地区丰富的物产资源，使得生活在这里的女真人延缓了从攫取性经济向生产性经济的转变，农业始终处于一种被动的地位。

库雅喇满族

库雅喇满族，亦即库雅喇满洲，又有东海鞑靼、骨看兀狄哈、水兀狄哈、枯儿凯等别称，是历史上满洲的一支。这一部落共有钮呼铁氏、泰楚拉氏、色勒里氏等15个姓氏，他们大多为金代女真遗民，与朝鲜半岛北部的朝鲜人有血缘混合关系。元末明初，库雅喇满族的祖先活动范围是东起中国珲春东部和朝鲜咸镜道北部沿岸，西至图们江和珲春河下游，东北至绥芬河口，南抵利城。直至明末，摩阔崴附近都是库雅喇人的中心居住区。在努尔哈赤统一女真各部的过程中，当时隶属于东海女真瓦尔喀部的库雅喇也在被征讨范围内，后金政权建立后，库雅喇人被招抚，1629年开始向后金政权入贡。1639年，皇太极派遣骑兵征讨逃亡熊岛（海参崴东部海域）的库雅喇余部。第二年，清朝任命3个嘎山达（意即乡长、屯长）来管理库雅喇人。从此，库雅喇人成为清朝直接管辖下的编户齐民，向其纳贡貂皮、海獭皮和海豹皮。

17世纪后半叶，来自东北边防的威胁使清朝不得不加强对东部边疆的管辖。从顺治年间起，清朝实行"徙民编旗"政策，将留居原地的边疆少数民族南迁内地，其中就包括库雅喇人。这种大规模的招抚库雅喇人的活动一直持续到康熙初年。1714年，清朝将迁移至珲春境内的库雅喇人编入旗籍，设立"珲春三旗"，即镶黄旗、正黄旗和正白旗。库雅喇人成为"三旗兵"，主要任务由原来的纳贡改变为守卫东部海疆。库雅喇人遂正式成为满洲共同体的一支，称作库雅喇满洲，属于伊彻（新）满洲。珲春库雅喇地方协领衙门也在这一年成立，其重要官职大多由库雅喇人担任。

经济上，库雅喇人长期以渔猎为主，并一直延续到清初，这主要得益于珲春沿岸及图们江口附近丰富的鱼类资源。至于农业、手工业等，则是他们的兼营生产方式，其中农业到明朝时期才有所发展，那时他们不但掌握了冶铁技术，还善于养马，并与朝鲜开展贸易。不过，自从被编入旗籍后，传统的渔猎生活方式便发生了改变，这一时期的库雅喇人以服兵役为主，同时在清政府的鼓励下进行农业劳作。

回族

历史上回族由于征战、经商、逃难、迁徙等原因分散于中国各地，形成典型的"小集中"聚居形式。明末清初，回民开始迁入东北地区的吉林；康熙后期、雍正和乾隆时期，是吉林境内回族人口增长较快的阶段。这一时期，尽管清朝实行封禁政策，但是土地肥沃、物产丰富的东北仍吸引了关内许多汉人暗中前来开垦荒地，人口增长和灾荒更是加剧了关内人口逃荒至东北的速度，其中也有不少回民迁入。弛禁政策推行后，河北、山东等地"闯关东"的人数激增。回民迁入吉林定居，一部分务农，另一部分则专营商业。众所周知，回族是善于经商和理财的民族。最早到吉林经商的回民大约在康熙年间自西北而来；清中期，经商的回民大多来自山东、河北等地；而到了清末，辽宁的回民也自发前来。

随着大量回民涌入吉林，延边地区的回族人口也不断增加，尤以20世纪为甚。20世纪30年代，河北保定以及宁安一带的回民迁移至和龙、汪清等地，主要从事农业生产以及皮毛铺业。珲春、龙井境内的回民则大多从事商业，延吉局子街上的回民超过一半都在经营小本买卖，另外一部分则经营牛羊肉铺、饭馆、诊所等，或是做帮工。到了20世纪50年代，来自山东、河北、河南、辽宁、黑龙江、内蒙古以及吉林其他地区的回民，由于工作分

新满洲 皇太极入关前，将国号改为"满洲"，努尔哈赤和皇太极时期征服和编入族籍的女真诸部及其余部族称为"佛满洲"或"旧满洲"，相对的，定鼎北京后征服和编籍的称为"新满洲"或"伊彻满洲"。库雅喇是新满洲重要的组成部分。崇德年间清政府在关外的库雅喇部建立噶栅编户制度，确立了清政府在当地的统治地位，也为招抚边民奠下了基础。康熙年间，为了巩固东北边防，清政府再度推行内迁库雅喇的政策，将其以"新满洲"的形式编入满洲八旗，初时清政府先将库雅喇部迁入与旧满洲共居，循序渐进而编入旗籍，至光绪年间，库雅喇已经融入满族，不仅在珲春地方衙门供职颇多，而且在中央政府中也担任要职。图为1904年出版的《中国近世地理志》中的满洲全图。

信奉伊斯兰教的回民为了宗教活动和生活行动上的便利，习惯于聚居地建筑清真寺，并围寺而居。

配和支边等原因，也迁居至延边地区，主要分布在珲春、延吉、龙井、安图等地。

中原汉民流入

历史上中国各民族的迁徙有两大明显的流向：中原汉族向边疆地区的外迁和周边少数民族的内聚。东北偏安一隅，地广人稀，明末清初之前，中原汉人迁入的进程较为缓慢。随着清军入关，清朝对长白山一带实行封禁，并修筑起柳条边禁止外人闯入。顺治、康熙年间，清政府提出"招垦"政策，鼓励关内的人民前往辽东开垦荒地。关内灾荒频发、战事未休和人多地少等因素，使得迁移至土地肥沃、地广人稀的东北地区成为许多汉人维持生计的唯一出路。

虽然康熙后期清政府加紧了对辽宁的控制，对吉林仍实行严厉的封禁政策，但仍挡不住流民源源不断地从山海关进入辽宁，然后继续北移至吉林私垦荒地。区内的珲春、敦化等地是汉族流民迁入较早的地方，从宁古塔顺驿道南下的珲春屯田兵是延边最早的汉族居民，而敦化在未放荒之前私垦荒地的汉民就有400多户。1861年，吉林开始弛禁，部分地区放垦，20年后全部放荒，当时延边的珲春就设立有招垦总局，敦化设置了荒务局，招募山东、河北等地的汉族移民前来垦荒，延边地区的汉族人口与日俱增，居住地域也逐渐扩大。

总体看来，长白山一带的汉族绝大部分是鸦片战争后"闯关东"来的，主要来自山东、河北、江苏等地。他们在垦荒务农的同时还潜入物产丰富的长白山区，进行狩猎、挖参和采伐等活动，或在珲春河流域淘金。除了私自闯关者和招垦移民，长白山区的汉族还不乏被流放的罪犯，有文人、将士、官吏，也有农民起义者、

因朝鲜移民的大量涌入，延吉地区形成了朝鲜族的聚居地。图为民国时期延吉的朝鲜族市集，两边的草房是朝鲜族的传统建筑。

反清志士和强盗、窃贼等。清初大量旗人跟随清军入关，但乾隆年间，闲散的京城旗人被遣散移居东北各地，跟随他们出关的还有家丁、庄客等汉人，敦化的官地、额穆、黑石一带就有这些汉人家丁、庄客生活的足迹。

虽然长白山区是满族的"龙兴之地"，但随着中原汉族以及朝鲜移民的大量流入，一方面加快了本区的开发，另一方面也使当地满族人口退居次席。

"图们江出海口"之争

中国曾经是日本海沿岸的国家，但是清政府分别于1858年和1860年被迫与俄国签订不平等的《瑷珲条约》和《北京条约》，失去了黑龙江以北

以及黑龙江口至图们江口共约100万平方千米的土地，从此，中国就完全失去了通往日本海的出海权。

发源于长白山脉主峰的图们江如今是中、俄、朝三国界河，全长520千米，从西南流向东北而后在图们折向东南流。以珲春防川为界，图们江被分成两段，防川以上505千米为中朝界河，而防川以下通往日本海的15千米变成了朝俄界河。清末，为确定这15千米的位置，发生过一连串斗争。中俄边界南端珲春地段的木质界碑因年代久远而腐朽变烂，边界模糊混乱，中国领土不断被蚕食。1886年，会办北洋事务大臣吴大澂奉命与俄国重新勘定珲春边界。在图们江入海口问题上，俄国

谈判代表以潮汐影响入海口为由，强行要将界碑再沿江上溯20千米定在洋馆坪一带。吴大澂据理力争，与珲春副都统依克唐阿进行实地考察，经过3个月的谈判，于同年10月签订《中俄珲春东界约》，中俄边境南端的"土"字界碑竖立在距离图们江入海口15千米的防川附近，"中国有船只出入，应与俄国商议，不得拦阻"。虽然中国至此恢复了图们江出海权，但是并没有这一航段的管辖权，也没有在入海口建立港口的权利。珲春

中、俄、朝三国接壤处。中国拥有

居民恢复了在日本海的渔业捕捞和航运，中国每年最多有1400艘船只从图们江口出海，并有定期轮船通往俄国、日本等国的港口。但这种通航只维持了半个世纪，1938年日苏在图们江口爆发"张鼓峰事件"，兵败后的日本随即封锁了从珲春通向日本海的图们江口。从19世纪80年代起，中国一直没有放弃争取图们江出海权。随着1991年《中苏国界东段协定》开始生效，中国沿图们江俄罗斯一侧的出海权得到恢复。

"间岛"事件

15世纪时，明朝与朝鲜李朝商定以图们江和鸭绿江作为两国的国界，明朝灭亡后，清朝则继续延续明朝的国界。由于江源地段界线不明显，朝鲜边民越境事件频繁发生，中朝两国于1712年勘定竖立界碑，而后一直严封国境。所谓"间岛"问题，是指伴随着19世纪70年代以后朝鲜移民越过图们江开垦荒地而引发的领土争端。

"间岛"一说是朝鲜移民对图们江中一个江洲的称呼。图们江自茂山而下，沿岸有许多滩地，其中以位于龙井开山屯附近的光霁峪前的滩地面积最大，长5000米、宽500米，面积1.35平方千米，与图们江北岸相连，中国称这片滩地为江通滩、夹江或假江。19世纪后半期，为躲避灾荒，以及清政府移民实边招募垦荒政策的推行，大量朝鲜移民渡过图们江进入北岸开垦荒地，清政府后来间接承认了朝鲜移民在延边定居的事实。1881年，朝鲜移民在图们江北岸私自挖出一条水道，夹江滩地遂变成了一个江中小岛。1903年，朝鲜官

图们江490千米的干流，却丧失了15千米的出海口，只有"顺江航行出海权"。

延吉边务报告 "间岛"事件爆发后，1907年6月，时任新军督练处监督的吴禄贞（图）被东三省总督徐世昌秘密派往延吉，对中朝边境确查取证。吴禄贞本着"国家疆土、尺寸必严"的原则，带领8名测绘和书记人员，经敦化、延吉、珲春，沿图们江登长白山，再折往夹皮沟，历时73天，步测、仪器并用，最终测绘成一张五十万分之一比例的《延吉边务专图》，此图也是中国历史上第一次对延边地区和长白地区进行的仪器测绘。回来后，吴禄贞将调查时所得数据和资料，写成10余万字的《延吉边务报告》，从延吉边区的历史沿革、中朝界务始末等各方面批驳了日本的"间岛"谬说，成为后来清政府与日谈判成功的一大砝码。

员开始将其称作"间岛"，并对其他由朝鲜移民开垦的延边土地也以"间岛"称呼。第二年，中国与朝鲜签订《边界善后章程》，重申了夹江滩地属于中国领土。

1905年，日本控制了朝鲜的外交权，伊藤博文成为驻汉城的第一任"统监"。为了掠夺图们江以北地区，以便从北路占领东北，日本将本已平息的"间岛"事件旧事重提，要求中国将"间岛"归还朝鲜。1907年，日本派遣斋藤季治郎在延边地区划定会宁间岛、钟城间岛、茂山间岛等五区，在延吉局子街、头道沟等地设置14个宪兵分遣所，与清政府的延吉厅所辖行政机构相对抗。这年夏天，专门负责对日交涉的吉林边务帮办吴禄贞开始对延边地区进行实地测量和绘制地图，取得了与日本进行交涉的第一手数据和资料。经过3年的曲折交涉和谈判，1909年9月，中日在北京签订《图们江中韩界务条款》，承认图们江以北属中国的领土，但龙井村、局子街、头道沟和百草沟被日本开辟为商埠，并且日本获得了设置领事馆的权利以及领事裁判权。在"间岛"问题上，中国丧失了许多权益。

青山里战斗

1910年朝鲜半岛被日本吞并后，朝鲜民众自发成立各种抗日组织和团体，反对日本的侵略和殖民统治。与朝鲜一衣带水的中国东北也成为朝鲜抗日志士的后方基地。1919年"三一运动"失败后，大批参加运动的朝鲜志士流亡异国他乡，一部分远赴苏俄，另一部分则转移至中国东北，继续展开抗日斗争。

20世纪20年代前后，东北地区活跃着70多支由朝鲜民族主义者组织的独立军部队，其中实力较强的有金佐镇率领的北路军政署军、洪范图领导的大韩独立军和李相龙率领的西路军政署军。1920年6月4日，日本出动大批兵力"讨伐"独立军活动的主要据点汪清凤梧洞，洪范图率领300多名独立军战士展开伏击战，取得凤梧洞大捷。后来，金佐镇、洪范图与李相龙领导的三支部队编成大韩独立军团，拥有士兵3500名。面对独立军部队频频展开的抗日斗争，日本立即调动2万兵力，围剿延边山区。金佐镇、洪范图、安武等人率领大韩独立军团的将士们在和龙三道沟青山里一带打响了青山里战斗，他们从10月21日至26日在青山里附近的卧龙沟、渔浪村北完流沟和天宝山等地与日军展开激战，消灭日本军官兵1000多人，取得青山里大捷，打破了"日军无敌"的神话。在这场战争中，日军损失最大的战斗发生在渔浪村。

日本在青山里战斗中惨遭失败后，立刻就在同一年发动了"庚申年大讨伐"。讨伐队由驻朝日军第19师团高岛中将任总指挥，对延边地区进行大扫荡，杀害群众2600多人，抓捕5058人，烧毁房屋2200余户，摧毁30多所私立学校，焚烧粮食4.5万多石。

"张鼓峰事件"

张鼓峰是矗立在距图们江入海口20千米东岸的一座山峰，海拔155米，山顶分水岭为当时中苏两国边界。张鼓峰属珲春敬信防川村管辖，其东南1500米为中苏"土"字界碑所在地，西北2000米为沙草峰，东面为长池，站在山顶可以看到苏联的波俄特平原和海参崴港口。这个处在中、苏、朝三国边境上的山峰，其地理位置以及在军事战略上的重要性显而易见，其对苏联的意义最大。

"张鼓峰事件"战地遗址展览馆中的布展。

20世纪30年代，日本占领东北三省并建立伪满洲国，且控制了中东铁路，而苏联则控制了东三省西边的外蒙古，日苏在中国的边境上对峙。为遏制日本北进的势头，苏联在远东地区和外蒙古不断加强兵力，其兵力远高于日本在东三省和朝鲜的兵力。

无论是在清末还是民国时期的中国地图或是俄国（苏联）地图上，都明确标示着张鼓峰属于中国，但当时苏联却坚持认为张鼓峰在苏联境内。他们把张鼓峰叫作扎奥焦尔纳亚高地，沙草峰叫无名高地，长池叫哈桑湖。1938年7月9—11日，苏军潜入张鼓峰地区，并在西侧山坡上构筑阵地。7月14日，日本宪兵伍

长松岛被苏军击毙，成为"张鼓峰事件"的导火索。日本分别在7月15日和20日要求苏联军队撤出张鼓峰，但遭到了反对。7月30日起，为争夺张鼓峰和沙草峰高地，日苏两军开始激战。8月11日，日本建议停战。在这场为期不到半个月的战斗中，日军派出7000人参战，火炮37门；苏联方面则集结了15000多人，火炮237门，坦克285辆，还有飞机支援。

这是一起两个国家为了争夺第三国的领土而发生的大规模武装冲突，结果是原先由日本占领的中国大片领土被苏联强占。苏联控制了张鼓峰，占领了沙草峰；日本则退回到图们江西岸。

井泉

对于龙井人而言，井泉不仅仅只是一口能够提供清凉井水的泉眼，更重要的是它见证了龙井地名的起源。19世纪80年代，清朝废除封禁政策，龙井按照序数而得名六道沟，头道沟、三道沟、四道沟等地则分布在延边其他地区。随着朝鲜

重修后的"龙井地名起源之井泉"之碑。

移民越过图们江进入延边私自垦荒的情况越来越多，1883年，清政府在图们江北岸划出土地作为朝鲜移民的专垦区，并设置越垦局专门管理朝鲜移民垦荒事务，不少朝鲜移民便越过兀良哈岭来到六道沟。

19世纪末，来到六道沟的朝鲜移民张二硕、朴仁彦等人发现了一口古井，具体位置在今龙井境内龙井街与六道沟路交叉口东北方60米处。他们在井边安装上可以提水的桔槔，称其为"龙井吊"或"龙吊桶"。井泉遂成为当地朝鲜族和汉族移民重要的饮水来源。由此六道沟就有了"龙井"之名。从光绪末年至1931年"九一八事变"爆发，六道沟和龙井2个地名被同时使用。1902年清政府在局子街设置延吉厅，龙井就属于延吉厅管辖。

出于战略扩张的需要，日本在1905年控制朝鲜外交权后，便对相邻的延边虎视眈眈。1907年，日本挑起"间岛"事件，派军队在朝鲜移民较集中的龙井设立"朝鲜统临府临时间岛派出所"。1909年，"间岛"事件平息，

日本获得了在龙井村以及局子街、头道沟、百草沟四处地方设立商埠和领事馆的权利。"九一八事变"后，龙井村正式取代六道沟之名，隶属于伪吉林省特派驻延吉行政专员临时办事处。

1934年，井泉在村民李基燮等人的倡议下得以修缮，井边竖起一块2米高的花岗岩石碑，上面镌刻着"龙井地名起源之井泉"。同年，龙井村改名龙井市；第三年又更名为龙井街。20世纪60年代，龙井起源碑遭到破坏，后于1986年再次得以重修，并以井泉为中心，修建了井源园林。

凉水泉子

在图们东北的山谷盆地中，有一处泉水，因水质清凉而被称作凉水泉子。凉水泉子所在地因而得名凉水村，后来繁衍发展成为凉水镇。凉水的历史可以追溯到明代早期。1407年，明政府在今凉水东甸村附近设置穆霞河卫；清政府在对吉林实行封禁期间，在此设置漠河甸子卡伦。漠河甸子地名即沿袭自明朝对今凉水的旧称。

由于封禁政策，凉水在1875年左右才得以正式开发。1881年，时任督办边务大臣的吴大澂为边防事务前往珲春的途中经过凉水泉子，命工匠修筑了7座房屋，其中一座为劝农所。此后，随着招垦

凉水村民为纪念吴大澂所立的碑亭及"龙虎石刻"碑（小图）。

延吉盆地地势低凹，四周被山地林场包围，富水的湿气难以与外界对流，常常在盆地上空形成烟雾弥漫之景，故延吉又有"烟集冈"一说。到了寒冬季节，水汽被转化成冰雪，覆盖在盆地及周边山地上。

政策的开展，陆续有移民前来凉水村垦地种植，凉水逐渐得以开发。当时的凉水属珲春管辖，1910年归属汪清，1947年又划归珲春，1991年划归图们。

1886年，吴大澂在中俄勘界谈判中取得了图们江入海口的航行权，以及收回了被俄国占领的珲春黑顶子。为铭记这次谈判的胜利和吴大澂的功绩，凉水村民在图们江畔孤山子脚下的河东村（今改名为龙虎村）竖立起一块花岗岩石碑，上面以双勾法镌刻着吴大澂曾在珲春写下的"龙"和"虎"二字。这二字系金文，意即"龙骧虎视"，保卫边疆。这一石碑也被人称作"龙虎石刻"。

烟集冈

延吉在历史上有过很多名称，如南荒、南冈、烟集、烟集冈、延吉岗、局子街、间岛市等等，从中可看出延吉建置的历史，也可看出"延吉"与"烟集""烟集冈"等名的音转关系。明代，延吉属瑚叶吉朗卫、布尔哈图卫等机构管辖，延吉可能与"叶吉"存在音转关系。关于"烟集""烟集冈"之名的由来一直有多种说法。清初，清政府在吉林设置吉林围场，由吉林西围场、伯都讷围场和蜚克图围场三部分组成，其中延吉就属于吉林西围场的范围。吉林西围场当时又叫南荒围场，后来南荒就音转为南冈。1881年，清政府对吉林全面开禁，在南冈设立招垦局，来此开垦的朝鲜移民和汉族移民逐渐增多。由于延吉是一个狭长的带状盆地，常常烟雾弥漫，于是有了"烟集冈"一说。另一种说法是此地生产黄烟，形成集市，"烟集"之名由此得来。

1891年，招垦局更名为抚垦局，后来以抚垦局为中心形成小镇，当地人称局子街，意为官衙所在地。1902年，抚垦局被撤销，改设延吉厅，这是官方第一次使用"延吉"之说，寓意为吉林延伸延续。1909年，延吉厅又上升为延吉府；民国建立后设立为延吉县。间岛市则是延吉在伪满洲国期间被短暂使用的一个称谓。1943年，日本将延吉设为伪间岛省的直辖市，改名为间岛市。

苍海郡

图们江流域首次被正式

纳入中原王朝行政版图，可以上溯到西汉武帝年间。公元前128年，生活在东北地区的秽貊降伏于汉朝，汉武帝便在其故地设置苍海郡。关于苍海郡的地理位置有多种说法，有人认为苍海郡位于鸭绿江上游以及浑江流域，有人则认为苍海郡辖地在今朝鲜江原道一带，或者说是在今吉林东南与朝鲜东北部之间。更多人认同的说法是，苍海郡的范围应该是包括东秽、沃沮故地，即今延边、牡丹江地区东部、朝鲜江原道和咸镜道等地。

说到苍海郡的设置，不能不提到彭吴。此人通过在朝鲜本土和秽貊之地进行贸易活动，不仅熟悉了东秽地区的详细情况，也促使东秽的部落首领对西汉朝廷和辽东郡有所了解，有意摆脱卫氏朝鲜的控制，归向汉朝。卫氏朝鲜的建立者卫满是公元前195年反汉失败而北逃匈奴的燕王卢绾的属下，他带着千余部下趁机东走朝鲜半岛，夺取了箕氏朝鲜政权。汉武帝同意在远离中原的地方设置苍海郡，显然是出于多方面的考虑。它一方面可以帮助汉朝与东北亚各民族建立交往，打通东北部的海上丝绸之路；另一方面则是防范卫

氏朝鲜，削弱其势力范围和影响，并阻止其与匈奴结盟的可能。苍海郡设立后，其通过水陆两条路线与中原汉朝进行沟通联系。

公元前126年，存在仅两年的苍海郡在御史大夫公孙弘的建议下被废置。苍海郡存在时间委实过短，因为其属地幅员辽阔，又过于偏远，经济落后，秽貊各部并未形成统一的政治实体，郡县制在此地并不适宜，而卫氏朝鲜不满"保塞外蛮夷"的权力被剥夺，又不断武力侵扰苍海郡。到了公元前108年，汉武帝灭掉卫氏朝鲜，在原苍海郡辖地基础上设置乐浪、玄菟等郡。

渤海国

有"海东盛国"之称的渤海国是古代东北亚地区一个以靺鞨为主体的民族政权，其创立者是粟末靺鞨首领大祚荣。靺鞨与肃慎、勿吉等古民族有着传承关系，同属通古斯族系。唐朝初年，众多靺鞨部落结成粟末靺鞨和黑水靺鞨两个大的部族，其中以粟末靺鞨实力为大。697年，唐朝平定了营州的契丹人暴乱，但却逐渐失去了对东北地区的控制权。而被迫迁移至营州等地的粟末靺鞨人联合曾依附于高句丽王朝的一部分粟末靺鞨人，乘机摆脱唐军追击，回到故地。698年，大祚荣在敦化敖东城建立

渤海国极盛时期疆域示意图

震国，自称震国王。713年，唐朝对大祚荣实行招抚，封其为渤海郡王，"渤海"取代"震"成为新的国号和族称。

渤海国是一个比较特殊的二重性政权，它是一个相对独立的唐朝边疆王国，又是唐朝政府的一个羁縻州。在行政建制上，它一方面沿袭了唐朝的制度，另一方面又有自己的特色，共有15府、62州、100多个县。渤海国的领土范围在9世纪达到最广，东临日本海，西至丹东，北抵松花江下游，南与新罗接壤，大致承袭了古代夫余和高句丽在鸭绿江以西的领土。本区就在渤海国的统辖范围之内。直到926年渤海国被契丹人所灭，渤海政权存在了229年，经历了15位郡王，都城也迁移过多次。渤海国的第一个都城是旧国，位于敦化；724年迁都中京显德府的显州，位于和龙；755年又迁至上京龙泉府，在宁安；785年，渤海国再次迁都东京龙原府，府治在珲春境内；794年，都城再度迁回上京。这种频繁的迁都，是渤海国根据不同发展阶段的需要以及国内外的形势，适时做出的政治决策。

在200多年的历史进程中，渤海国经济特别是农业较之前

李白醉草番书　民间传说，唐玄宗时渤海国派使臣进番书，欲犯中原，满朝文武竟无人识得番文，贺知章荐李白，李白带醉上朝读番文，写番书。由于李白当初应试时未贿赂杨国忠和高力士而被逐出考场，于是乘醉让杨国忠磨墨，高力士脱靴。而在真实历史上，渤海国是一个善于结交邻国以巩固本身地位的国家，对盛世大唐更是奉行"拿来主义"，儒、道、佛、音乐、雕塑、文学甚至民间风俗都向唐朝借鉴：在上京龙泉寺遗址（原渤海国境内）发掘出的唐代佛寺和佛像，无论建筑布局还是雕像面容，都与大唐几无二致。渤海国在唐玄宗开元元年（713），正式被唐朝承认其藩属国的地位，后来是受到安禄山的挑唆才发生"番书"之事（743）。

代有了显著的发展和进步，渤海人种植水稻，擅养猪，有发达的纺织业，矿冶业也有一定规模。渤海国在逐渐唐化的过程中，以孔孟之道为代表的儒家思想还成为整个社会的统治思想。

东夏国

东夏国在中国历史上仅存在了19年。这是一个女真人建立的政权，前身为大真国，建立者为金朝将领蒲鲜万奴。

1211—1214年，蒲鲜万奴

作为金军统帅，在野狐岭、迪吉脑儿和归仁3次大战中均溃败于蒙古人和耶律留哥，但金朝由于内部动乱无暇顾及其败绩。为避免成为金朝败亡的殉葬品，1215年，时任金朝辽东宣抚使的蒲鲜万奴拥兵自立，于10月建立大真政权，年号天泰。金朝派兵围剿，大真政权则诈降投靠蒙古。1217年，蒲鲜万奴叛离蒙古，在久攻金国上京未得的情况下转战他地，于该年7月将大真国改为东夏国（也有说其国号本为大夏，

因地处东方，为别于西夏故而名之），东迁至牡丹江、图们江和绥芬河流域。

处在蒙古、金朝、契丹、高丽等众多势力包围下的东夏国，其疆域东抵日本海，西至张广才岭，南与今朝鲜咸镜北道相邻，西北至今依兰北土城一带。在建制以及军队管理上，东夏国仍沿袭金朝，将疆域分为开元、南京和恤品三路，路下设州，并设五京制。军事上实施猛安谋克制。关于开元路的具体位置，没有确切的说法，但可知开元路是以牡丹江东部为中心。恤品路的范围与金朝所设大致相同，治所为绥芬河流域的双城子，在今俄罗斯境内。南京是东夏国重要的城池，即今龙井境内城子山山城。蒲鲜万奴在此居住了很长时间，直至1233年被蒙古军队擒获（一说被杀），独立的东夏政权也随之覆灭，但东夏国并没有完全消失，它作为蒙元帝国的藩属之国苟延残喘到13世纪末。

东夏国人活跃在冲积平原较多的牡丹江、海兰河、图们江、珲春河和绥芬河流域，大量开垦荒地，发展农业。在短短几十年里，东夏国的纺织、矿冶、建筑、车船制造等手工业都取得了一定的发展，较为发达。

黑曜岩遗址

属于长白山系的南岗山脉地势起伏，森林茂密，其中有一处面向图们江支流红旗河的缓坡台地，海拔790米，比邻近的河床高出110余米。就是在这块靠山临水的台地上，发现了当今中国面积最大的旧石器时代遗址——黑曜岩遗址。

这个遗址地处和龙龙城的石人沟山地，面积大约为3万平方米，出土了1300多件15000年前的生产工具，几乎全是黑曜岩质地。黑曜岩是火山喷发后形成的酸性玻璃质火山岩，通常为黑色或黑褐色，常与松脂岩、珍珠岩和浮岩一起统称为酸性火山玻璃岩。中生代以来，长白山区火山活动强烈，岩浆侵入频繁，使得本区保留了大量黑曜石。由于这种岩石有着光滑、弯曲的断面和尖锐的棱，远古人类用它来制作锋利的石器工具。

今城子山山城遗址处曾是东夏国的重要城池——南京的所在。

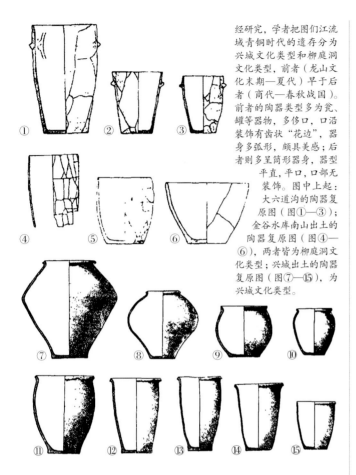

经研究，学者把图们江流域青铜时代的遗存分为兴城文化类型和柳庭洞文化类型，前者（龙山文化末期—夏代）早于后者（商代—春秋战国）。前者的陶器类型多为瓮、罐等器物，多侈口，口沿装饰有齿状"花边"，器身多弧形，颇具美感；后者则多呈筒形器身，器型平直，平口，口部无装饰。图中上起：大六道沟的陶器复原图（图①—③）；金谷水库南山出土的陶器复原图（图④—⑥），两者皆为柳庭洞文化类型；兴城出土的陶器复原图（图⑦—⑮），为兴城文化类型。

石人沟地层堆积自上而下分为腐殖土、黄色亚黏土、含沙质黄土角砾和含角砾的浅黄色土四个土层，其中除第一个土层没有发现文化遗存外，其他三层都有石器发现。这些石器大多属于刮削器、雕刻器、尖状器、矛形器等旧石器工具类型。远古人类用鹿角、木棍等敲击大块的黑曜岩边缘，剥落下来的锋利石片通过以软锤修理为主的锤击，成为较为精致的工具。

在延边地区，不仅石人沟，和龙的柳洞、珲春的北山等地也发现了旧石器时代的黑曜岩遗址，但规模都较小。这些黑曜岩遗址与吉林镇赉大坎子、日本涌别川、朝鲜半岛垂杨介、俄罗斯滨海地区乌斯季诺夫卡等遗址在文化上有密切联系。

大六道沟遗址

南团山是珲春河右岸的一座海拔只有20余米的小山包，其东西长约180米、南北宽约140米。呈葫芦状的山体分别向东南和西北延伸出一角，在这两个山脚底部都发现了新石器时代的居住遗址。南团山位于珲春春化大六道沟村，故这两处遗址又被称作大六道沟遗址。

颇有意思的是，东西两山脚的文化遗存虽然都属于同一个文化类型，但出土的器物存在很明显的区别，在时间上呈现传承发展的关系。在东山脚遗址中发现了众多打制石器——包括石矛、石镞以及较为粗糙的黑曜岩石片，还有已经完全成为碎片的陶器。尽管没有找到相对较为完整的陶器，不过仍可区分为两种类型的陶器。一种是夹砂红褐陶，表面没有任何装饰，"素面朝天"；另外一种是夹砂褐陶，外表装饰有平行线、"人"字形等形状的刻痕，还有横排的浅凹点纹。

在西山脚处，发现6座相对较完整的浅穴式房址，以及石器、陶器、骨器和桦皮器。这些房址的形状有长方形、方形和不规则的圆形3种，房屋内有柱洞。此处还发现有2处原始的陶窑遗迹，制造的陶器以夹砂红褐陶为主，体形比东山脚遗址的陶器要大，均为平底大口陶器，陶瓮和陶罐上还出现了对称的耳。陶器的纹饰以素面为主。桦皮器是东北地区的特色器物，不过这里发现的桦皮器已成残片。西山脚出土的石器除了有用凝灰岩或大石片打制的砍伐器、刮削器外，还有经过精细雕琢而成的磨盘，而压制石器主要是黑曜石质地。东山脚遗址存在的时间要早于西山脚，前者的居民过着以渔猎为主的生活，后者的居民则过着以农业为主的定居生活，生活水平提高不少。

金谷遗址

龙井东部的德新地处南岗山脉北麓海拔400—600米的低山区，那里丘陵和谷地交错，东、西、南三面被南岗山及其支脉环绕，北面则是海兰河及其支流冲刷而成的冲积平原。地下埋藏着多处青铜文化时代聚落和墓葬遗址，还有渤海国时期的城址和墓葬，其中距离海兰河20多千米远的金谷水库附近就发现了两处遗址。

这两处遗址一处属于新石器时代，测定数据显示距今4540—4410年，另一处属于青铜时代，为了以示区别，前者称金谷早期遗址，后者称金谷

晚期遗址。金谷早期遗址面积不大，坐落在一个南北走向的窄长山丘上，长100米，宽不足20米。在35米长的区域内，发掘出了6座排列紧密的半地穴式房址。房屋的居住面上有多个柱洞，内部有存放火种或放置陶罐的地坑。早期遗址中出土了350多件器物，其中，石器中出现了有柄石锄、大量黑曜石石器以及磨制的石刃、磨盘，反映出原始农业已有所发展；贝器、鹿角器、野猪牙器等器物的发现，表明渔猎活动是这里的居民重要的生产方式；在瓮、罐、盆等陶器上有以"人"字形为主的篦划纹、锥点纹、平行斜线纹和回纹等。在这些房址中，最特别的发现是在其中一座房内有4具先民遗骸，皆为男性，到底是居室葬还是死于突发灾难，未有定论。

金谷早期遗址出土的遗存与本区东宁大杏树遗址，还有宁安莺歌岭遗址下层文化、俄罗斯境内的查尹桑诺夫卡遗址、朝鲜咸镜北道的山虎谷洞遗址等，有着诸多相似之处，可以得知为同一类文化遗存，一般被命名为金谷文化，是东北地区新石器时代末期代表性文化。

百草沟遗址

图们江流域最大的支流嘎呀河，流经狭长而开阔的汪清天桥岭、大兴沟、百草沟。就在百草沟安田村的嘎呀河右岸台地上，发现了一处战国至两汉时期的遗址，被称为百草沟遗址。

这片遗址面积约75万平方米，东西长1500米、南北宽500米，处在由扣锅顶子山和窟窿山东西对峙构成的天然屏障之中，地势平坦。百草沟遗址是由上层的铁器时代文化遗存和下层的青铜时代文化遗存组成的大型聚落遗址。据研究，该遗址属于生活在战国至魏晋时期的沃沮人文化遗存。从遗址的半地穴式房屋遗迹可以看出，沃沮人早期的房屋外表几乎没有加工装饰过，但到了晚期，房屋结构渐趋完善。晚期的房屋外表大多会抹上一层由黄沙土和黑灰混合成的物质，厚度约为10厘米，屋内大多已经出现烟道、灶台、础石等设施。

从青铜时代到铁器时代，不同时期的文化特征在遗址中发现的大量遗物上表现得非常明显。青铜时代的器物大多是以石器、铜器、骨器和陶器为主，诸如石戈、青铜扣、

百草沟遗址夹杂在山岭盆地之中，地势平坦。

骨针、卜骨、陶罐等。而铁器时代的器物显然要丰富得多，除了磨盘、磨杵等众多类型的磨制石器，还有铁器、陶器、玉器等。

作为东北东部山区极具代表性的青铜—铁器时代文化遗存，百草沟遗址再现了古代沃沮人的社会生活以及文化交流的状况。

兴城青铜时代遗址

在海兰河河谷北侧的山地中，和龙东城兴城村坐落在一个距离海兰河1500米的山坡上。这里发现了一座青铜时代的遗址，是迄今在长白山东麓发掘的、保存最为完好的青铜时代遗存。图们江流域的青铜时代考古遗存分为兴城文化和柳庭洞文化两种类型，兴城文化在前，存在年代是距今2000年左右；柳庭洞文化在后，年

代跨度从商代至春秋战国。兴城遗址为兴城文化类型的典型代表。

兴城遗址最重要的发现是分布密集的25座房址，其中11座相对较为完整。这些房址是一种深地穴式建筑，大约有2米深，房屋面积较大，80—100平方米不等。墙壁大多是用土筑成，少数一些会在土墙外抹上一层约3厘米的黄白色黏土。内部设置有椭圆形的灶坑，一些还保留有白色木灰。柱洞在延边地区的深浅地穴房址中都有发现，多在居住面中间排列成两行以及沿墙四周分布，起到支撑作用。

除了发现的大量房址外，兴城遗址出土的陶器、石器等遗存也很丰富，骨器较少。这里的陶器多为手制磨光的夹砂褐陶，纹饰以素面为主，与大六道沟遗址的陶器颇为相似。

在类型上，均为平底或小平底陶器，有罐、碗、盆、钵以及瓮等。此外，陶制的纺轮和雕塑品反映出制陶技术日趋发展。磨制石器是兴城遗址中主要的石器类型，打制和压制石器数量较少。

五排山城

山城是在高山上凭借险要的山势修筑起来的石质城堡，是古代东北地区先民们因地制宜而发展出的一种特有的筑城方式。山城一般建筑在地势险要的山区，属军事重镇，那里或为水陆交通要冲，或是人口密集、土质肥美之地。东宁道河五排村西南的五排山上就坐落着这样一座古代城市。这里地势险要，绥芬河从山城的南、东、北三面环流而过，西面倚靠崇山峻岭，山城最高海拔为617米。整个山城的修筑充分利用山势与河流走向，绥芬河流经五排山东侧时形成一块东大西小的袋状滩地，山城就坐落在袋口处，南北两面城墙沿着绥芬河河岸的峭壁由东向西延展，顺着山脊的走向逐渐合拢。山城形状犹如一个"V"字，易守难攻。

山城最初周长为5000—

五排山城是防御式的城堡，依山据险，城垣用巨石和石片垒砌，致密坚固。其他各图依次为：南墙外侧（图②）；南

墙内侧（图③）；从城上俯视的绥芬河（图④）。

6000米，后世在修葺改建过程中，利用天然岩壁作为墙体，以致现存的城墙长度为1900米。根据城内地势条件的不同，城墙修筑方法也因势而异。山城东部以南的墙体采用石块垒筑；以北的墙体则大多使用土石混筑法；到了谷口处，则用石墙将南北两侧的山峰连接起来。从五排山山城通往外界的唯一通道位于城垣的北门。

山城的城墙修筑法相对较为简单，石块也多取自天然材料，未经仔细加工，且在北墙下发现了许多穴居坑，不见马面、瓮城等设施，因此有学者推断五排山山城是居住在绥芬河流域的沃沮人为抵御南下的挹娄人而修建，其年代可追溯至战国时期，后来被勿吉、靺鞨人占领且使用。不过也有学者根据五排山山城的地理位置及修筑特点，认为其应该是渤海国时期的山城。

西古城

渤海国王大钦茂统治期间，先后三迁都城，最初是定都中京，接着又迁都上京，最后是东京。上京都城遗址在今宁安渤海境内，东京都城遗址则在延边地区的珲春境内八连城，而中京都城遗址即是西古城。

西古城位于和龙头道平原的西北部，曾是渤海国中京显德府显州府治所在地。显州之所以会成为渤海国都城，有诸多因素。显州地处图们江与海兰河之间的冲积平原上，经济优势明显，是渤海国重要的贸易口岸；北方局势已定，南迁显州是发展南方经济的形势所需；显州与新罗为邻，迁都至此可有效遏制新罗带来的边境威胁。

在城市规模上，西古城的建筑格局与东京龙原府的八连城相同，都是由外城和内城组成的内外两重城制。外城为东西窄、南北宽的长方形，用版筑夯土修建而成的南北墙长620米左右，东西墙长约720米。南墙和北墙均有设置城门，前者城门宽约15米，后者城门宽约14米，是通往城外的主要通道。由于南北墙和东墙被人为取土，城墙大多已是断壁残垣，残存的城墙高度从1.5—2.5米不等，最高的达4.5米。内城也呈长方形，南北长和东西宽分别为310米和190米，具体位置在外城中央偏北。内城破坏严重，几乎没有残存的城墙或建筑保存下来，只是发现了5座殿址，其中有3座排列在南北中轴线上。西古城作为都城的时间并不长，但渤海国仿效唐朝长安城来建设都城的做法就是从此开始的。

渤海国最初都城——中京显德西古城遗址。

八连城

延边地区曾是渤海国属地，渤海国仿照唐制，设置了五京制，其中东京龙原府的府治就是今珲春境内八连城遗址。珲春东南濒临日本海，是历史上"日本道"的枢纽，地理位置优越。785年，渤海国王大钦茂将国都从渤海国上京迁至东京龙原府，八连城也就此成为渤海国的政治、经济、军事和文化中心，一直到794年渤海国再次迁都上京。

八连城又叫半拉城，之所以能成为东京龙原府的府治，与其地理环境密不可分。八连城坐落在珲春河冲积平原的西端，距离图们江只有3500米，土地肥沃、依山傍水、地势险要。该城的建筑格局仿照唐朝城市布局，分为外城和内城，为东西略窄、南北略宽的长方形。内城有7个子城，其中中央三城——南城、中城和北城坐落在同一条中轴线上，中轴线左右各有两个子城，再加上子城北边的北大城，八连城故此得名。

八连城城墙为土筑，外城墙全长2894米，东、南、西、

北四墙的长度分别为721米、705米、735米和728米，护城河在外城墙外绕行。外城开有5处城门，其中南门为正门。内城东西宽214米、南北长315米，保存有两处宫

唐代渤海国五京十五府三独泰州示意图。独泰州（铜州、涑州、郿州）是渤海国的特色地方制度之一，不属于五京十五府，而是与它们并列，直属渤海中央政府。不少研究学者认为，它是受到唐朝"专奏权"影响、模仿当时"直属州"所衍生的制度。

殿遗址。第一个宫殿遗址在内城北城中央一个2米高的高台处，其长45米、宽30米，周围保留有18处础石基座。第二个宫殿遗址地势较低，殿址平面呈"曲"字形，殿宇应该是面阔七间、进深四间，规模相对较为庞大。

从八连城遗址的建筑格局看来，是典型的内外两重城制，它和龙的西古城均为文王大钦茂时期渤海国都城建制的代表。

萨其城

珲春在唐代曾属于渤海国东京龙原府辖属的庆州，785年渤海国都城迁至此，令珲春盛极一时。珲春目前共发现13处渤海国遗迹，萨其城是其中仅有的两处山城遗址之一，另一处是位于珲春河上游春化盆地东北角的城墙砬子城。

萨其城又叫沙齐城，坐落于珲春河下游三角形冲积平原东北部的南山上，区域属珲春杨泡杨木林子村。古城依山而筑，城墙长5000米，高1—2米，有5个8米宽的城门，其中北门是重要的进出通道。北门其实应该是西北门，处在一个宽约200米的山沟沟口上，沟口中间筑有石墙。城内的东南方和西南方各有瞭望台一座，是其作为军事重镇的一个佐证。一条从哈达门东荒沟延伸至俄罗斯境内的长壕从萨其城

东部穿过，以便防御外敌。萨其城遗址最有意义的发现，是大量灰色和红褐色的凸面绳纹板瓦、凹面方格纹板瓦以及手压纹板瓦，还有灰色和红褐色的细泥陶片。红褐色绳纹和方格纹板瓦，据推测为高句丽或渤海国早期的遗物。这一推测也让有的学者认为萨其城在渤海国时期不是庆州所辖，而可能是东京龙原府下辖的穆州或贺州州治所在地。同时，也由此推测萨其城是高句丽晚期的栅城府所在地。

率宾府遗址

渤海国在行政区划上设有五京十五府，其中有九府的部分领土位于今俄罗斯滨海地区，它们是铁利府、郑颉府、率宾府、定理府、安边府、安远府、怀远府、东平府和龙原府。其中，管辖西起东宁，东至俄罗斯沿海港口海参崴的几十万平方千米范围的率宾府，其府治就在今东宁县城东4000米的大城子古城遗址。

大城子古城是一座渤海国中晚期城址，建制与邻近上京龙泉府的都城颇为相似，古城平面呈长方形，南墙长1290米，北墙长1365米，东墙和西墙均为460米。夯土版筑而成

大城子古城护城河遗址。

的城墙残存高度为2—5米，南墙和西墙保存较为完好，西墙北段还建有瓮城。城内四角建有角楼，城外有深2—3米的护城河环绕。在大城子古城遗址中，发现了丰富的渤海国时期遗迹、遗物，如鎏金铜铺首、铜锁、铜镜、舍利函、莲花纹瓦当、筒瓦、灰色板瓦等。率宾府还以盛产名马而著名，东宁作为率宾马的故乡，也因此以马市交易而出名。辽金时代都有率宾建制，但府治所在地已经发生变化。

城子山山城

地处延吉与图们交界处的城子山西高东低，渤海国时期，人们在此依山势修筑起一座山城。全长4442米的城墙全部采用大小不等的玄武岩、花岗岩

岩质的石头堆砌而成，其中北墙保存较完整，南墙则破坏严重。受山势影响，山城的西南部地势险峻，地势较低的东北部有谷口通往外部，并开有城门，称"北门"。此外，山城的东南面地势也较低，有谷口与外界相连，城门称作"东门"。布尔哈通河与海兰河在山城汇合，并环绕半座山城。虽然山城依山而筑，但内部地势开阔，有较为平坦的盆地。

城子山山城修建于7世纪末8世纪初的渤海国时期，后来的辽金时代仍得以继续修筑沿用，金代末年成为东夏国五京之一的南京治所。虽然不是真正的都城，但是东夏国王蒲鲜万奴19年在位生涯大部分都是在南京度过的。1233年蒙古兵重兵对城子山

城子山山城尚存的基石，遗址中还散布有大量带花纹的瓦片（小图）。

图中隆起处即为温特赫部城的旧城墙，虽然已经难以辨认，但仍可见夯土城墙所特有的梯形结构。

山城进行围攻，数日不得，后采用声东击西策略攻陷山城，蒲鲜万奴被俘（一说被杀），东夏国灭亡。作为东夏国重要的政治、经济和文化中心，城子山山城中心现在保留着排列规整的础石群，属于宫殿基址，南北长约120米、东西宽约45米。

遗址还出土了大量瓦片、陶瓷片、铜镜、铜印、铜钱以及玉鸳鸯、玛瑙、玉带等遗物。铜钱中，唐朝开元通宝钱数量占到了1/10，见证了唐朝与渤海国频繁的经济文化交流。北宋时期的铜钱则是遗址中发现最多的，占到了将近3/4。由于北宋要向辽、金交纳岁币，而金朝也是使用辽宋的货币制度，所以北宋时期大量铜钱流入东北。

距离城子山山城东南1000米远的地方有一座平地城——土城村土城，有学者认为其与城子山山城最初都是高句丽的栅城遗址，到渤海国时期，栅城府治从延吉迁移到了珲春境内。

温特赫部城

珲春河下游冲积平原的尾端，坐落着珲春三家子古城村。这片开阔的土地上保存有渤海国时期的两座城址——温特赫部城和裴优城，温特赫部城在裴优城西侧，用夯土修筑的城墙与之相隔，故两城又称作姊妹城。

温特赫部城西北1000米处是图们江，与八连城相距也不到8000米。由于受图们江风沙的长年覆盖，古城被掩埋在地下。其城址呈长方形，东墙长468米，西墙长381米，南墙和北墙均长710米。高3米的城墙外围地势较陡，沿着城墙墙基修筑了两道深0.5米、宽0.5米的基槽坑，用来保护城墙。

虽然珲春曾经是渤海国东京龙原府的府治所在地，一度非常繁荣，但在温特赫部城遗址保留下来的遗物并不多，不见角楼、马面和瓮城等，主要是碎瓦、残破的陶片等。瓦片主要是黄褐色布纹瓦、斜方格纹瓦片、莲瓣纹瓦当、褐色方格纹板瓦、手压纹瓦等，而陶片主要是质地坚硬的泥质灰陶。当然，除了渤海国早期特征的遗物外，温特赫部城还发现有与辽金古城遗物相同的六耳铁锅和宋代铜钱。

在珲春众多渤海国遗址中，温特赫部城与石头河子城是为数不多的渤海国早期遗址，曾经有学者推测温特赫部城为辽金时代的古城，但在其遗址中与辽金有关的文化遗存却极为稀少。有的学者推断，温特赫部城是渤海国东京龙原府庆州州治所在地，到了金代又是女真温迪痕部的驻地。

裴优城

与温特赫部城紧邻的裴优城，又叫斐优城、蜚优城，其与一墙之隔的温特赫部城有姊妹城之称。不过，两城在历史上出现的时代并不同，温特赫部城是渤海国时期的城址，而裴优城则是辽金古城，且是现存辽金古城中保存最完整的城址。

俯瞰裴优城，形如一个不规则的四方形躺卧在珲春河下游的冲积平原上，周围是开阔的土地。其城墙全长2000余米，东、西、北三道城墙长度几乎相同，约520米，南墙稍短，460米。用黄土分层夯筑

裴优城遗址如今已难觅昔日辽金古城的风韵，现已成为本区朝鲜族的安居地。

而成的城墙高约3.6米，底部宽9米，顶部则缩窄至1—1.5米。城门设置在南墙和西墙，南门附近还保存有城门柱础石。在裴优城中发现了瓮城、马面、角楼等辽金时代特有的建筑部件，南门和西门附近都可见瓮城，城垣四角各有一个角楼，有马面14个。

尽管裴优城为辽金时代的城址，但城内也发现具有渤海国时期特征的遗物，如绳纹板瓦、网格纹板瓦、莲花纹瓦当等。裴优城内外出土了约10枚铜官印，有金代晚期的，如"勾当公事威字号之印"，不过大多为东夏国时期官印，如"尚书礼部之印""行军万户之印"等，从一个侧面反映出裴优城在东夏国诸城中的重要地位，其可能为州一级行政区划的治所。

裴优城虽然建立于辽金时代，不过一直延续至明代。野人女真东海三部中的瓦尔喀部居住在裴优城中，1607年为免

遭乌拉部女真贝勒布占泰的压迫而投靠努尔哈赤领导的建州女真。瓦尔喀部则并入建州女真，后来西迁，裴优城从此成为一座弃城。

罗子沟古城

绥芬河从汪清复兴的秃头岭北麓发源，由南向北流至罗子沟。河流上游地势险峻，但进入罗子沟盆地后，两岸地势平坦，土地肥沃，是汪清重要的农业区。也就在这里，发现了两处古代遗址，一处是新石器时代遗址，位于罗子沟河东屯以北100米处；另一处是辽金时代的古城遗址，即罗子沟古城。

汪清保存下来的辽金时代遗址并不多，共7处，其中就包括罗子沟古城。呈长方形的古城城墙全长1060米，南、北城墙长286米，东、西城墙长244米，墙高4.8米，为版筑夯打而成，城墙四周都有马面，东墙、西墙和南墙各有2个，北墙有3个，且南墙还有宽10米的城门。古城四周有角楼，并有护城河环绕。在古城遗址中出土了兽面纹瓦当、滴水瓦、铜钱、铜镜等众多铁器、玉器、骨器、铜器。

罗子沟新石器时代遗址

面积约有4万平方米，出露有0.5—1米厚的文化层，出土的文物主要有以磨制为主的石器、柱状和板状的石斧、石矛、磨盘、绿松石管，以及手制的夹砂红褐陶，此外还有骨器。

龙头山古墓群

位于和龙头道平原南端的龙水龙海村，保存有渤海国时期的众多墓葬。这些墓葬分为龙头山墓群和龙海墓群，前者位于龙海村的龙头山东坡上，其中已发现并完全确定的墓葬有10座，墓葬多以大石板和石块筑成，并封土成冢，此中就有渤海国王大钦茂四女贞孝公主的墓葬。

贞孝公主墓朝向东南方，坐落在一个小山岔尾部地势较高的小平台上，面积100平方米，由墓道、甬道、前室和主室4个部分组成。阶梯式的墓道南高北低，甬道用青砖铺成，主室门两侧以及东、西、北三面墙壁上绘制有彩色壁画，画有12个身穿唐装的人像，是首次发现的完整的渤海国壁画。除了贞孝公主墓，在龙头山其他墓葬中也发现有壁画残片。

以贞孝公主墓为中心的龙头山墓群的墓葬规模都比较大，长度一般在4—6米。和龙在历史上是渤海国中京显德府辖属的显州所在地，大钦茂在位期间曾迁都至中京，龙头山墓群因此成为中京的贵族墓地。虽然现在发现的墓葬中，贞孝公主的身份高贵，但其墓葬碑志中表明公主墓也只是陪葬墓，因此有学者推断在称之为染谷的南窄北宽的河谷西山上，埋葬着比贞孝公主身份更高的皇族长辈，不过现在仍未知晓埋葬的是谁。

延吉边墙遗址

本区存在着一条"长城"，虽然其建筑规模和军事意义远远小于秦朝、明朝修建的长城，但在东北地区的历史上也自有其地位。该"长城"正确的说法应该是边墙，一种防御性墙垣，跨越和龙、龙井、延吉和图们的9个乡镇，西起和龙土山东山村二道沟的山坡，东至图们长安鸡林山，与南岗山脉相连，总长度150千米。

边墙的修建与渤海国的统治密不可分。渤海国的城址分为平原城与山城两类，以平原城为主，而山城则是为拱卫平原城的安全而设置的，一般建在平原城周围的山岭或山冈上。考察发现，延吉边墙大都修筑于山脊之上，部分位于山沟和山坡地带，这与渤海国山城的选址极为相似。延吉、龙井、和龙等地在历史上属于渤

龙头山古墓群的古渤海国贞孝公主墓首次发现了渤海人像壁画。画中人物皆着唐服，反映了当时的汉式生活潮流。

海国的中京显德府，和龙的西古城一度成为渤海国的都城，所以以距离西古城仅25000米远的和龙土山东山村为起点开始修建边墙，是保卫都城之所需。1215年，金朝辽东宣抚使蒲鲜万奴叛金自立，建立东夏国，延吉的城子山山城成为东夏国的南京。虽然不是东夏国的都城，但是蒲鲜万奴大部分时间都是居住在城子山山城，其重要性不言而喻。边墙距离城子山山城最近处也不过1000米，显然东夏国对边墙进行了修复和扩建。

修筑边墙采用的方法有土筑、石筑和土石混筑。土筑方法就是从两边挖土往中间堆砌加固而成，石筑法则是用自然石块和人工劈凿石块，用干插石砌筑。边墙沿线还修建有17处烽燧、3个戍堡等军事设施。烽燧又称狼烟台、烟墩台，修筑于边墙南侧，间距一般为1000—1500米。戍堡分别位于和龙亚东水库边墙、延吉烟集平峰山边墙和图们长安鸡林村边墙附近。

边墙如今毁坏较严重，现保存最长的边墙有两段，一处长13千米，位于龙井老头沟；另一处长5000米，位于延吉小营兴农村南山至图们长安广济山顶一段。

边务督办公署楼的木制回廊，带有精美的镂空檐饰。

延吉边务督办公署楼

在今延吉市区河南街光华路曙光胡同内，曾经坐落着一处规模庞大的建筑群。在14万平方米的区域内曾建有南大楼、北楼、办公厅、大堂、花厅、青砖瓦房等建筑，但如今仅存青砖黛瓦的南大楼，即延吉边务督办公署楼。南大楼是座二层楼建筑，东西长20.8米、南北宽18.6米，四周建有木制回廊，竖立着22根圆木漆柱，圆柱下有鼓状础石。这座大楼也是延边地区唯一保存下来的清代风格建筑物。

延吉边务督办公署楼亦称戍边楼，始建于1908年，第二年竣工，由吉林边务督办吴禄贞筹建而成。到了1910年，清政府撤销吉林边务督办公署，此后，这座建筑群先后有东南路兵备道（1909—1913）、东南路观察使（1913—1914）、延吉道尹公署（1914—1929）、延吉交涉署（1929—1934），以及伪满洲国时期的伪间岛省办事处、省公署、省公署警备厅特务科等行政机构进驻。其中，该建筑作为延吉道尹公署办公使用时间最长，所以当地人通常称其为延吉道尹公署楼，简称道尹楼。

间岛日本总领事馆

1907—1909年间，清政府就"间岛"问题与日本展开多次交涉，于1909年签订《图们江中韩界务条款》。在该协议中，中国丧失了许多权益，日本则获得了在龙井村、延吉街、罗子沟和百草沟设置领事馆的权利。1909年11月2日，间岛日本总领事馆正式成立，其前身是设置在龙井

村的"统监府间岛临时派出所"。该派出所成立于1907年8月，是日本在延边地区的第一个侵略机构。斋藤季治郎任所长，其助手筱田治策任副所长兼总务课长。

间岛日本总领事馆由日本外务省直接管理，今延吉、龙井、汪清、珲春和安图都在它的管辖范围内，并在这些地方

设置领事分馆。为加强对延边地区的控制，日本于1920年和1928年两次调遣警察进入延边，在总领事馆设置警察部，在各领事分馆设立警察分署。1931年11月，间岛总领事馆警察部又设立了专门搜集情报的"特别搜查班"，逮捕抗日志士。1934年，日本在图们增设领事分馆和警察分署。至此，

原间岛日本总领事馆，现为龙井市人民政府办公楼。

大白楼 绥芬河（市）位于中俄边境，城市虽小，却坐拥通往远东的铁路优势，中东铁路设计时就是沿着绥芬河河谷进入中国境内的，但开工后发现地质情况复杂，于是北移了50千米，成就了如今的城址。位于绥芬河火车站以北的大白楼始建于1913年，是一幢典型的俄式建筑，为原中东铁路附属建筑，曾作为俄国铁路员工宿舍。大白楼楼高二层，中有天井，西南角有伸出墙体的亭式平台，墙体白色，厚达80厘米，上部为铁瓦房顶，呈菱形拼接。

大荒沟的十三烈士纪念碑，是为了纪念捍卫大荒沟抗日根据地而牺牲的13名珲春抗日游击队员而建立的。

日本在延边地区的领事分馆有5个，警察分署21处，警察人数达到646人。

除了庞大的警察机构，总领事馆还在延边地区设置日本人居留会、东洋拓殖株式会社间岛支店、龙井金融部、光明会等机构。1937年12月，日本与伪满洲国签订《关于撤销在满洲国的治外法权和转让南满铁路附属地行政权条约》后，间岛日本总领事馆撤销，领事分馆以及警察机构也相应撤销，代之以伪间岛省政府。

总领事馆位于龙井吉胜街东端，原馆于1922年11月27日失火被毁，现存的总领事馆于1926年建成，占地面积42944平方米。

大荒沟抗日根据地

1931年"九一八事变"后，日本加强了对中国东北地区的占领和控制，各种抗日力量也风起云涌，反抗日本军国主义的侵略。延边地区相继建立了许多抗日根据地，包括大荒沟抗日游击根据地（珲春）、烟筒砬子抗日根据地（珲春）、八道沟抗日根据地（龙井）、王隅沟抗日根据地（龙井）、渔浪村抗日根据地（和龙）、三道湾抗日根据地（龙井）、小汪清抗日根据地（汪清）、腰营沟抗日根据地（汪清）、车厂子抗日根据地（和龙）、罗子沟抗日根据地（汪清）和奶头山抗日根据地（安图）。其中，创建于1932年的大荒沟抗日根据地是本区最早建立的根据地之一，也是珲春仅有的两个根据地之一。

大荒沟抗日根据地面积1000多平方千米，位于今珲春英安和密江，囊括中岗子、三安、上中沟、清水洞、荒沟、东沟、北沟、大槟榔沟、小槟榔沟、徐大马沟、杨木桥子等自然屯。1932年9月，中共珲春县委将县内各分散武装队伍组编成岭南游击队和岭北游击队，于当年1月成立的大荒沟别动队属于岭北游击队。当年秋天，大荒沟抗日根据地正式成立；12月21日，苏维埃政府在根据地宣布成立。

从1933年开始，珲春抗日游击总队以大荒沟、烟筒砬子抗日根据地为基点，转战于珲春、汪清和东宁一带。1933年，由于存在"左"倾路线思想，大荒沟抗日根据地的巩固和壮大受到影响。同年12月，日本推行"第二期治安肃正计划"，对大荒沟根据地进行严密封锁并讨伐，根据地遭到严重破坏。第二年夏天，为了保存力量，已收编为东北人民革命军第二军独立师第四团的珲春游击队撤离大荒沟，转移到汪清金仓地区。大荒沟抗日根据地存在20个月后，结束使命。

东炮台·西炮台

19世纪末，俄国频繁侵犯中国东北边境。为了抵御俄国的侵略，清政府派满族镶黄旗将领依克唐阿于1881年开始在珲春河两岸主持修建东西两炮台，1890年竣工。

东炮台坐落在今珲春马川子炮台村，5000米之外的板石春景村则是西炮台所在地。两炮台之间隔着一处长、宽约为100米的方形土筑围墙，当地人称为"长城"，那里曾是清朝靖边军驻扎的遗址。东西两炮台是同时修建，建造规模和附属设施的设置几乎一致。两炮台均呈椭圆形，东西最长距离为98米，南北最宽距离为85米，炮台外有宽为9米的护墙做防护。炮台基座都使用掺石灰的三合土夯筑而成，东炮台的基座高约6米，而西炮台基座高3米。在东、南、西三方均设置有一个圆形炮座，各安

装有一门从德国进口的克虏伯海岸要塞炮——当时世界上最先进的海岸炮，其射程可到达俄国太平洋沿岸的克拉斯基诺军事基地。克拉斯基诺即摩阔崴，距离珲春口岸29千米，曾经是东北海上丝绸之路的必经通道。珲春两炮台共有2600多名官兵驻守，每个炮台都设有6间官厅、10间兵舍、3个弹药库和3条马道等附属设施，但这些设施均在俄国的炮火下被毁坏。

1900年庚子之乱期间，俄国5个军团17万人兵分六路进攻东北。第四军团从海参崴、波谢特湾出发，攻打珲春、宁古塔。7月30日凌晨，俄军偷袭西炮台被发现。随后东西两炮台向俄军射击，击毙入侵俄军200多人。后来，由于东炮台炮口被炸坏，俄军绕道进入珲春城，珲春下午两点沦陷。西炮台则坚守到天黑，驻守官

昔日的东炮台（左图）已被毁，原基座上方长满草木；西炮台（右图）故址仍能看出地面呈凹陷状的炮座痕迹。

兵将大炮零件拆卸扔入珲春河后撤离。俄军攻陷珲春后，放火焚毁了城内大部分建筑，屠杀2000多人，并抢走了珲春都统衙门的全部文书档案。

凉水断桥

在图们江上游的图们凉水，有一座断桥，日本人建造了它，又亲自炸毁了它。这座断桥就是凉水断桥，原本是连接图们与朝鲜稳城郡之间的公路大桥——稳城大桥的一部分。大桥全长525米，宽6米，修建于1936年，第二年5月竣工。日本通过这座大桥，将从中国掠夺的煤炭、木材等战略物资经朝鲜运回国内。当时，图们江上有数座这类功用的公路桥和铁路桥，它们也成为伪满洲国与朝鲜展开贸易和往来的通道。1945年8月，

苏联红军进入东北地区，日本关东军在东北战场上连连败退，撤至朝鲜境内。为了阻止苏联红军的追击，关东军不得不将横跨在图们江上的大桥炸断，仅留下几座供其自身撤退的大桥。凉水大桥是图们一带关东军撤至朝鲜的路径之一，8月13日，凉水大桥被炸毁，8月15日，日本就宣布无条件投降。

凉水断桥是从大桥中心被炸断的，桥身的钢梁扎进水里，中国境内的桥身仅有50米。隔江眺望，对岸就是朝鲜最北端的城市稳城郡城区。

东宁要塞群

1931年"九一八事变"后，日本在中国东北边境陆续修建了大量军事工事和地下要塞，其中规模最大的就是东宁

要塞群，曾被日本关东军称为"东方马其诺防线""北满永久要塞"。它是第二次世界大战期间日本在亚洲大陆修筑的最大军事要塞，也是第二次世界大战最后结束的战场。

东宁要塞群位于今东宁与俄罗斯交界处。在正面宽110多千米，纵深50多千米的范围内，分布着勋山、朝日山、胜洪山、太阳升东山、母鹿山、庙沟409高地、麻达山、三角山、干河子沟、阎王殿和北天山众多要塞，形成一个庞大的军事要塞群。东宁要塞群于1934年开始修建，1937年底主体工程竣工，其他配套和附属工程直至第二次世界大战结束仍未全部完成。如此庞大的军事工程，共动用中国劳工17万人。这些劳工都是

凉水桥只使用了八年便被炸毁，至今断桥原貌保存，以铭记这段历史。

被日本关东军抓捕而来，绝大多数被残害致死。东宁大肚川老城子沟村北1500米的山冈上，2万多平方米的地底下就埋葬有8000多名中国劳工的尸骨。像这样的劳工坟，东宁还有十几处。

东宁要塞群分为地面要塞和地下筑垒两种类型，11个地下要塞连成一个整体，分成作战区域、保障区域和后勤支援体系。每个作战区域可容纳一个旅团的兵力。在保障区域和后勤体系内，修建了大量完备的服务设施，包含指挥所、通信室、兵舍、医院、车库、发电厂、自来水厂、被服厂、火车运输系统、学校等。

这一时期，东宁驻扎有3个师的兵力以及一个"国境"守备队。

1941年12月太平洋战争爆发后，日本在南方战场连连受挫，被迫调遣驻守东北的关东军南下支援，东宁要塞兵力锐减。1945年8月8日苏联正式宣布对日作战，8月12日集中兵力围攻东宁要塞，8月26日全歼日本守军2400余人，摧毁永备工事83处。尽管日本天皇已于8月14日发表投降声明，但关东军凭借隐蔽的地下工事一直顽抗到8月30日才弃械投降。第二次世界大战自此真正结束。在这次作战中，东宁要

保存得较完好的勋山地下要塞的洞口（上图）及内部（下图）。

塞群的大部分工事被毁坏，勋山地下要塞则是保存最完整的一处。

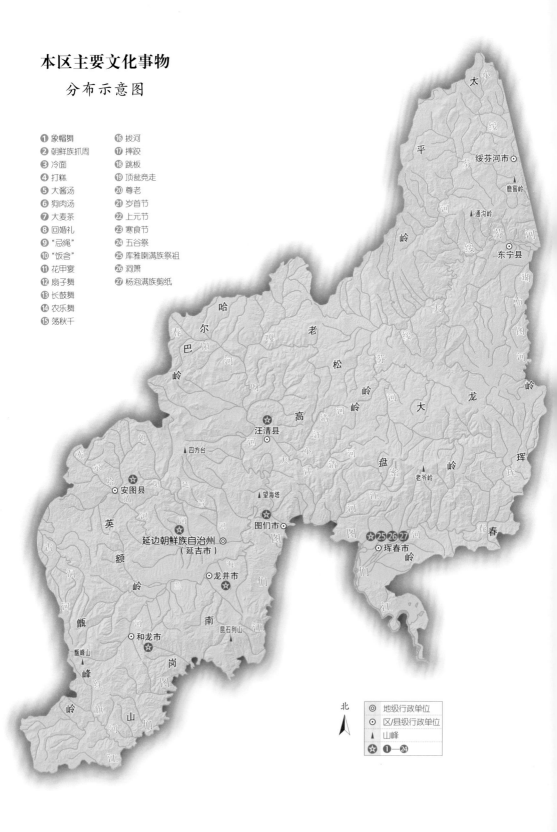

本区主要文化事物
分布示意图

① 象帽舞
② 朝鲜族抓周
③ 冷面
④ 打糕
⑤ 大酱汤
⑥ 狗肉汤
⑦ 大麦茶
⑧ 回婚礼
⑨ "忌绳"
⑩ "饭含"
⑪ 花甲宴
⑫ 扇子舞
⑬ 长鼓舞
⑭ 农乐舞
⑮ 荡秋千
⑯ 拔河
⑰ 摔跤
⑱ 跳板
⑲ 顶瓮竞走
⑳ 尊老
㉑ 岁首节
㉒ 上元节
㉓ 寒食节
㉔ 五谷祭
㉕ 库雅喇满族祭祖
㉖ 洞箫
㉗ 杨泡满族剪纸

太小

绥芬河市

平

鹿窖岭

通沟岭

岭

东宁县

河

哈尔巴岭

老松岭

大龙岭

珲

汪清县

高

盘密

四方台

安图县

英

望海塔

图们市

延边朝鲜族自治州
（延吉市）

库雅喇满族祭祖㉕㉖㉗

珲春市

龙井市

和龙市

昆石列山

北

◎ 地级行政单位
◉ 区/县级行政单位
▲ 山峰
✪ ①—㉔

中国最大的朝鲜族聚居地

延边地处长白山区，海兰河与布尔哈通河在此形成了头道沟、龙井和延吉3个冲积平原。嘎呀河、珲春河以及众多树枝状的大小河流流经延边境内，发育形成水源丰富、面积较广的平原、平地，加上广袤的缓坡丘地资源，为擅长种植水稻和旱地耕作经验的朝鲜移民提供了优越的自然条件，他们来到此地后一般就会定居下来。另一方面，由于延边地处东北边境，远离关内，汉族和满族农民来此垦殖的历史都要晚些，因此地广人稀、草木丰茂、环境优越的延边能吸引和容纳更多的朝鲜移民在此开垦土地。

除了自然环境因素，特殊的历史背景也是重要动因。朝鲜移民进入延边地区大概经历了3个高峰期。第一个高峰期是在19世纪中叶，朝鲜北部连年发生自然灾害，大量朝鲜灾民越过图们江，来到延边地区私垦土地，寻找生计。为此，朝鲜会宁府还于1869年和1870年恳请清政府允许灾民迁入图们江北岸的中国地区。随着19世纪末清政府封禁政策的松弛，以及1880年延边地区的全面开放，第二次移民高峰来临。珲春等地建立起招垦局，对朝鲜流民给予优待，移民政策的公开化和合法化，使大量朝鲜人迁入延边垦殖。他们遍布和龙头道沟、汪清四道沟和五道沟、敦化三道沟，以及延吉的依兰沟、汪清的百草沟、罗子沟等地。第三个高峰期则发生在1910年《日韩合并条约》签订后，朝鲜正式成为日本的殖民地，许多不愿做亡国奴的朝鲜人纷纷逃离故土，进入延边地区，致使这里的朝鲜族人口迅速增加。据统计，仅1905年就有30万朝鲜移民迁往东北，是1904年的4倍，其中迁入延边的有18.4万人。

延边地区的朝鲜移民还有一小部分是绕道俄国的西伯利亚而来，多为19世纪末20世纪初受雇于俄国修建中东铁路的朝鲜工人，后为躲避日俄战乱而迁移进入东宁、珲春和汪清等地。至1936年，延边地区

吉林图们月晴马牌村是一个全部由朝鲜族村民组成的村庄，民居仍保留朝鲜族的鲜明特色。

的朝鲜族人口已逾47万，增长速度远远高于区内汉族和满族人口的增速。1943年，朝鲜族人口已逾63万，占到了延边总人口的73%以上，延边成为中国最大的朝鲜族聚居地。

白衣民族

朝鲜族崇尚白色，服装多以白色为主，故素有"白衣民族"之称。为什么朝鲜族人对白色如此情有独钟呢？因为他们奉行"洁白"的习俗，以保持心灵的纯洁和身体的洁净。与穆斯林一样，这个族群非常注意卫生，很早就强调衣服的清洁、齐整，并从这种习俗中衍生出"穿白"的习惯。此外，早期的宗教崇拜也影响着朝鲜族对白色的关注。朝鲜族崇拜日月，认为他们的祖先是太阳之子，太阳和月亮是光明之源，而白色正象征着光明。因此，民族传统节庆日他们会在山上设祭坛向太阳祭拜，并以"穿白"来表示自己的崇敬。

当然，朝鲜族"穿白"的习俗还有着深刻的历史渊源。古代，朝鲜人的祖先就将青、赤、白、

黑和黄五色当作辟邪的最基本色调，白色很早就得到了朝鲜人的认同，并被广泛使用。3世纪以后，服装色彩被打上等级的烙印。260年，百济古尔王下令六品以上官员穿紫色，十一品以上穿绯色，十六品以上穿青色，皇室成员可穿黄色。此后的新罗时期，也对服装颜色作了明文规定，青、黄、绿、红、紫是皇室贵族和官员专用的颜色，而当时的平民百姓就只能穿白色的麻布衣。到了高丽时期，农民、商人和技工还是喜欢穿戴用苎麻纤维编织的白袍，尽管初期曾禁令穿戴白色衣服。18世纪，朝鲜李朝英祖下令庶民不能穿戴白色和玉色，规定全国上下必须穿着青色，但白色仍然作为人们日常服装中的

穿着白衣的朝鲜族家庭。

主色广为流行。

除了"洁白"观念、日月崇拜、历史传统等心理因素、民族意识的影响，客观方面的因素也不能忽视。在15世纪棉花从中国传入朝鲜半岛之前，苎麻是朝鲜主要的服装原料，当时的染色技艺还不发达，且成本过高，因此平民百姓大多只能穿着素色麻衣，"穿白"也就作为一种生活习俗得以保存。

传统房屋

从19世纪后半期开始，大量朝鲜移民从朝鲜北部迁入延边地区，到20世纪20年代初期，朝鲜族成为本区的主体民族。他们定居下来后，房屋建筑还保留有朝鲜北部居住文化的特色。

朝鲜族的传统房屋坐北朝南，多为木构架承重的建筑。每栋房子一般为单排3间或4间，或者是双排6间或8间。单排式房间之间是横向间壁而无纵向间壁，而双排式房屋又叫双筒子，房间之间横向、纵向间壁都有。房屋主体一般由正间、外间、上上间、内间、库房和牛舍六大部分组

在本区，最常见的朝鲜族传统房屋是用农作物茎秆混合泥土盖成的草房。

成，外部有长廊。正间是朝鲜族最主要的生活空间，多与厨房连在一起，是起居与进餐的地方；外间和上上间多属于男性居住空间，也是招待客人的地方；内间则为女性居住。这种房屋格局反映出一种男女有别、长幼有序的家族观念。对擅长种植水稻的朝鲜族人来说，牛是家里重要的财产，因此朝鲜族对牛舍的修建非常重视。在朝鲜族民居中，火炕占据了正间大部分地方，朝鲜族主要通过正间的火炕及锅盖取暖。室内家具较为低矮，以适应坐式生活。

朝鲜民居门多窗少，门窗多为推拉式，以致常常是门窗不分。屋顶形式则极为丰富，有悬山式、庑殿式、歇山式、平顶式等；建筑材料上，有用农作物茎秆混合泥土盖成的草房，有用木头建成的木楞子房，还有砖木结构。不管房屋建成何种形式，朝鲜族人都喜欢将墙壁刷成白色。

朝鲜大炕

在朝鲜语中，炕被读作"温突"，意即烧热了的片石。炕是朝鲜族人生活中不可或缺的一个组成部分，他们的生活多半是在炕上进行的。在今朝鲜平安北道宁边郡细竹里的遗址中发现有双排炕洞，该遗址属于古朝鲜时代，而双排炕洞应是由单排炕洞演变而来。由此看来，朝鲜人早在古朝鲜时代早期就开始使用火炕了。

朝鲜族的传统炕屋可分为独洞、双洞与三洞3种类型。独洞式炕屋多见于平壤和开城一带，双洞式炕屋则多分布在两江道、咸镜道等地，三洞式炕屋在江原道铁岭以南地区较多。延边地区的朝鲜族人大多是从咸镜道迁移过来，因此区内的朝鲜族炕屋沿用咸镜道的传统形式。也有一些朝鲜族人杂居于汉族村屯，使用的就是汉族式的炕屋。朝鲜族的炕屋

朝鲜大炕体积较大，通常占据房间2/3以上面积，故而其他家具、设施都放置其上。

都是满屋炕，又称大炕。对于生活在山区的朝鲜族人家来说，最常见的是散热快的石板炕。除了石板炕，用土坯或砖砌成的炕就是比较多的了。石板炕的炕洞是花洞，炕洞之间留有相通的孔洞；土坯炕或砖炕的炕洞为直洞，炕洞之间互不相通。由于炕的面积占据了房间至少2/3的地方，所以被服柜、衣挂柜、三层柜等家具都是摆在炕上。

长期的炕屋生活，使得儿童四肢活动量不够，身体发育受到影响。也由于长期保持坐式姿势，朝鲜族人习惯坐着或蹲着干活，成年人的上肢活动极为灵活，生产工具较为短小，生活日常用品的规格、摆放也都适应了在炕屋使用方便

的要求。朝鲜族人恪守礼仪，上炕时首先会脱鞋，然后轻轻开门，关门时也都要保持安静；要让老人和长辈坐在炕热的一头，年轻人则坐在不太热的一头。

巴基·古克

朝鲜族是以坐式生活为主的民族，因此他们的服装也适应了这种需要。裤裆和裤腿肥大、裤长腰宽的灯笼裤是朝鲜族男子传统的裤装样式，在朝鲜语中称作"巴基"。其穿着起来非常舒适，随时可以盘腿坐在地上或者炕上。穿时，将裤腰前部折起然后用腰带系紧，裤腿则用布带绑住，以免风灌进裤子，借此御寒保暖。

男子的短上衣也可称作

"则高利"，多为素色，斜衣襟，袖子宽大，没有纽扣，而代之以前襟两侧的飘带系在右侧。朝鲜族男子一般会在"则高利"外再套上一件坎肩，是一种多为黑色的带有五颗纽扣的背褂子，朝鲜语叫"古克"。古克的面料一般选用绸缎，里子则多为毛皮或其他布料，缝有3个口袋。由于朝鲜族生活的地方气候较为寒冷，故外出时，男子多在外面套上长袍。长袍起先属于士大夫或儒生阶层的人的常服，后来演变成为男子外出时的礼服。长袍有单、夹、棉之分，单衣长袍在天气较暖时穿，棉衣长袍则是在冬天常穿。

则高利·契玛

短衣长裙，这是朝鲜族妇

女非常有特色的传统服装。短衣在朝鲜语中叫"则高利"。无论是女装短衣还是男装短衣，都可以称作"则高利"。这是一种斜领、无纽扣、用布带打结，长度直到胸部下方的衣服，袖口、衣襟、腋下都镶有色彩鲜艳的绸缎边。

长裙在朝鲜语中叫"契玛"，作为日常主要服饰，有缠裙、筒裙、围裙、短裙等类型，裙子上一般有长褶皱。缠裙是没有缝合过的裙子，由裙腰、裙摆和裙带组成，有着细小褶皱的裙摆非常大；裙带缝在裙腰两侧，穿着时绕腰缠住后，系在右侧。由于大多数裙子长及脚面，所以走路时多用手提着裙摆一端，或将其掖在裙带里。当然，穿着缠裙时，必须在里面穿上白色的衬裙。缠裙是适合中老年妇女的服装，而筒裙、短裙等则是年轻女孩喜欢的服饰。筒裙是有带背心式的，裙上有褶皱；短裙一般长及膝盖，这是为了劳动的需要。

在朝鲜族人看来，穿着则高利和契玛能体现出朝鲜族妇女勤劳、温顺的传统特质。这些衣服多用丝绸缝制，过去的衣服面料多为素面，随着纺织技术的发展，面料越来越鲜艳，样式也愈加丰富。

捣衣

"长安一片月，万户捣衣声"，这是李白《子夜吴歌》中的诗句。"捣衣"历来有三种说法：第一种说法是洗衣；第二种说法是缝衣；第三种说法是捶衣，即制衣前的一道工序，使衣料变得平整、柔软。最后一种观点是最普遍的说法。

捣衣早在春秋战国时代就有记载，是古代妇女必须具备的一项劳动技能。女儿出嫁时，父母得为其准备木杵和砧石。魏晋南北朝隋唐时期出现了大量捣衣诗，内容大都是女子一边捣衣，一边思念自己的丈夫和亲人。唐朝时，这种习俗传到朝鲜半岛。今天的朝鲜族中还保留有父亲第一次去看望新婚女儿时带上捣衣石的传

即使到了现代，延边的朝鲜族人在西式婚礼上仍会穿着传统的民族服装——则高利和契玛，形成一道独特的风景线。

统。到了宋朝，由于衣服面料多从苎麻改为布帛，捣衣使用的直杵也变成了卧杵，且已变短，减轻了劳动强度。

如今，捣衣这种生活习俗在汉族中几乎消亡，但在延边朝鲜族聚居地还保留着这一传统，只不过形式发生了变化：捣衣不再是制衣前的一道工序，而是成了朝鲜族特有的风俗与仪式。仲秋时节，本区的朝鲜族妇女要将家里的衣服被褥进行浆洗晾晒，将半干状的衣服叠成长方形放在砧板上捶打。如此捶打可以让衣服平整光洁，还易于清除衣服表面的污垢。朝鲜族捣衣用的棒槌用硬木制成，非常光滑。砧板除了传统的砧石外，还可以用硬木制成，其长约50厘米、宽22厘米、厚17厘米。砧板表面也极为光滑，还挖有宽槽，以减轻部分重量。捣衣的形式多种多样：或只持一棒，或手持双棒捶打，或两人对坐交叉捶打。

冷面

每年农历正月初四中午和生日，本区的朝鲜族人都会吃冷面，传说这天吃了细细长长的冷面可以多福多寿。节庆、婚嫁喜宴之时，冷面也是必不可少的食物，其不是作为正

米肠 一种朝鲜族传统食品，亦曾用作祭祀的祭物，在东北民间广为流传，在延吉地区尤为出名，是在米肠里灌进泡过的大米、糯米、鲜猪血以及各种调料混合的馅料，热水煮熟，再放凉而成。灌满猪血和糯米的米肠油亮润泽，食用时切成薄片，蘸以蒜泥、豆油、辣椒面、猪肉汤等做成的蘸料。2009年，朝鲜族米肠制作工艺被列入吉林省非物质文化遗产名单。

配料丰富、色彩鲜艳的朝鲜冷面

餐，而是在大家快要酒足饭饱之时才端上桌，因此有"先酒后面""面不代饭"之说。冷面是一种热制冷吃的面条小吃，朝鲜古代文献《东国岁时

记》记载有冬天在荞麦面中加入泡菜、萝卜的吃法。

冷面的做法各有千秋，光是从原料上来说，既可以是荞麦面、小麦面，也可以是玉米面、高粱米面、榆树皮面，其中最主要的4种是荞麦面、淀粉面、小麦面和玉米面，而又以荞麦面味道最出彩。

选择好原料是制作好冷面的前提。荞麦有甜荞、米荞、翅荞和苦荞几种，质量最好的是东北地区出产的甜荞。调制冷面团时，荞麦面粉和土豆淀粉的比例以4：6为宜，并采用沸水和面。和好后的面团放进压面机压制成面条煮熟后，要用冷水洗净过凉，这是制作冷面的一道重要工序。汤料是决定冷面口味的最关键程序，滤去浮油和杂质后清炖的牛肉汤是上品。冷面中还加入了很多佐料，包括由酱油、醋、香油、芝麻、胡椒粉、白糖、蒜汁调制成的糊状酱料，并将其冰镇，此外还有牛肉片、苹果梨片、鸡蛋丝、鸡肉丸子等。这些佐料在延边地区又被形象地称为"冷面帽"。大多数朝鲜族人喜欢吃汤料中不带甜味的冷面，但延边和牡丹江地区的朝鲜族人则喜欢吃带有甜味的冷面。

打糕

在朝鲜族人眼里，打糕是一种用来招待宾客的上等食品，逢年过节、红白事时都以其为主食。每到年底，在本区朝鲜族聚居的乡村总能看到做打糕的情景。关于打糕的起源，其中一说涉及7世纪中期唐朝将领薛仁贵东征的故事。进入朝鲜半岛的薛仁贵麾下士兵多来自陕西一带，洗衣服时习惯用木槌捶打，受此启发的朝鲜人后来发明了打糕。

朝鲜族人擅种水稻，因此常用大米作为原料米制作打糕以及其他风味小吃。打糕所用大米一般为粳米，也有用糯米，具体做法涉及洗、蒸、打和切四道工序。先用清水将大米浸泡十几个小时，直至米粒可以捏碎；或者用温水泡，浸泡时间则可缩短一些。而后是将米放入笼屉内蒸熟至软硬适中。煮熟后的米糕放入一个木臼以后，就可以用木槌敲打了。这种专门用来做打糕的石臼其实是凿有碟形坑的木板。做打糕时要边打边翻动，直到米糕完全黏结在一起，不见米粒为止。进行这道工序时，一般是男人捶打，女人翻动。最后，将打制好的米团切成适当的小块，在表面裹上一层豆面、豆沙、白糖或者蜂蜜，就成了软绵黏稠、香甜可口的打糕。一般而言，米糕捶打的时间越长，打糕就越有韧性和弹性。

大酱汤用料丰富，汤汁浓稠，深得朝鲜人们喜爱。

大酱汤

汤是朝鲜族人日常饮食中不可缺少的食物，几乎每天每餐都要有汤，"宁无菜肴也要有汤""无汤不餐"等俗语也印证了汤在朝鲜族人日常饮食中的重要性。朝鲜族的汤菜有30多种，主要分为酱汤、鱼汤和肉汤3大类，其中最普遍、最具特色的还是大酱汤。酱汤在朝鲜语中意为"酱牡里"，"牡里"即水。它一般是用大酱、蔬菜、海菜、葱、蒜、姜、油、豆腐等主要原料加清水制作而成，或者是由各种肉类、明太鱼或其他鱼熬成的高汤。朝鲜族人一般都嗜辣，因此喝汤之前会在汤里面加入辣椒粉之类的调料。

在大酱汤中，最重要的是大酱，它是用大豆酿制而成，味道独特。每年农历9—

朝鲜男子拿着木槌捶打木臼中煮熟的米糕。小图为米糕制成品。

11月，朝鲜族家庭都会准备好一年所需的豆瓣酱。酱做好以后，还能制出酱油。如果往酱油里面添加海带丝、白酒、醋、白糖等佐料，然后熬制10多分钟，就可以让酱油味道更鲜美，保存时间更长久。

朝鲜移民在延边定居后，仍然保存着喝大酱汤的传统生活习俗。吃饭时，每人前面放一碗大酱汤，用勺子盛一点米饭放入汤中，边吃饭边喝汤。冬天喝热汤，可以保暖驱寒；夏天喝凉汤，可以解渴消暑。

狗肉汤

在中医理论中，夏天不宜吃狗肉，但在朝鲜族人看来，"伏天狗肉赛人参"，故有"三伏天吃狗肉避暑，三九天吃狗肉驱寒"之俗语。久病初愈或者体虚者喝狗肉汤可以滋补身体，因此狗肉汤亦称补身汤。朝鲜族几乎每家每户都会养狗，而且有"打狗过年"的说法，也就是狗一般不养到来年，不吃过年粮，农历新年前两三天就会将狗宰杀掉，也有人家专门买狗来吃。如今，吃狗肉已经没有时令限制了。

朝鲜族人善做狗肉汤。其做法是，先将几大块新鲜狗肉放入水中冷浸，再连狗的肝、肠、肚、心、肺一起放入锅中，用慢火炖煮，直到骨肉分离。开锅时，要将浮油滤出来，以便拌炒豆油、辣椒等。将煮熟的狗肉取出骨头，撕成细丝，放入调料，浇上辣椒油，再倒上滚开的狗肉原汤，最后浇上蛋液即可。其实，做狗肉汤的方法不止一种，调料也可根据个人口味进行选择，不过姜、葱和辣椒是不可或缺的。就狗肉品质而言，黄狗肉是最好的，其次是黑狗肉。

吃狗肉时，朝鲜族人往往会召集亲友、邻居一起分享，边喝狗肉汤，边喝白酒或自家酿制的米酒。也有的是狗肉还在火上炖，这边就有人开始站在炉旁吃起来了。但是，在节日或办红白事时是绝对不能吃狗肉的，这是朝鲜族礼节的一种。

大麦茶

大麦茶并不是真正的茶，而是一种谷物饮品，将烘炒过的大麦放入开水中泡制而成。这种饮料在本区朝鲜族中广受欢迎。朝鲜族人对大麦茶的热衷，与饮食习惯息息相关。他们生活在寒冷的中高纬度地区，地势又以山地为主，因而善于做保质期长的泡菜，喜欢吃烧烤、火锅等可驱寒的食物。这些食物多会给肠胃带来负担，容易上火，大麦茶则可以预防上火。特别是在进食油腻的食物后饮用大麦茶，可以去油、解腻，帮助消化。因此，可以看到朝鲜族人吃烧烤时，都会在旁边放一杯大麦茶。

《本草纲目》中记载大麦

朝鲜人吃狗肉时，会把各部分的肉和骨分离开来，并以一定顺序烹调。

大麦营养丰富，有益健康，泡成茶后茶水呈黑褐色，带有淡淡的咖啡清香。

"味甘、性平，可消积进食、平胃止渴、消渴除热、益颜色、保五脏、化谷食之功"。大麦茶中富含维生素、矿物质、蛋白质、膳食纤维等有益物质，因此为注重"食补"的朝鲜族人所喜爱。除了受朝鲜族人欢迎之外，大麦茶在古代日本还是属于贵族阶级特饮品，直到江户时代才在民间普遍流传。

婚礼

朝鲜族实行一夫一妻的婚姻制度。受儒家思想影响，婚姻靠父母之命、媒妁之言，同宗、表亲、同姓同本之间不得通婚。朝鲜族的婚礼很隆重，也很复杂，主要包括看善、请婚、"六礼"、婚礼式、东床礼、迎娶礼和归宁。

相亲，朝鲜族称看善，在媒人——仲媒父的牵线搭桥下，男方的父母前往女方家里相亲。相亲之后，就由男方来请婚，女方根据男方的生辰八字进行"宫合四柱"并给予答复。"六礼"也就是纳采、问名、纳吉、纳币、请期和亲迎6个过程。纳采是男方正式向女方求婚的仪式；问名是探问女方母亲品德，所谓看女先看母；纳吉则是男方通知女方结婚的吉日；纳币是男方将青缎作为聘礼送给女方；请期是男方就结婚日期修帖征求女方意见；亲迎则是新郎迎娶新娘的仪式。

亲迎仪式上，新郎身穿官服，在上宾、雁夫、轿夫、马夫等人护送下前往新娘家。新郎行跪拜礼之后，将随身带来的木雁交给岳母，这种仪式称为奠雁礼。婚礼仪式在女家布置的"醮礼厅"举行，在司仪主持下进行交拜礼和合卺礼。新郎站在西边向东边的新娘敬酒，新娘谢拜之后也向新郎敬酒。交拜礼完成后，新郎新娘各执一卺（用作酒器的一种瓢）相互敬酒，这就是合卺礼。最后，新郎接受女家准备的婚席。

醮礼仪式之后，依古时风俗新郎要在女家住三天，不过现在则是当日返回。婚礼的第二天，村里的年轻人来闹洞房，这就是所谓的东床礼。之后，新郎骑马或坐轿将新娘迎娶回家，新娘单独坐一台轿。结婚1个月或3个月之后，新娘就返回娘家，称归宁，现在多是三日后就归宁。传统的朝鲜族婚礼仪式在不同文化的冲撞下，不断发生变化，但对婚姻的祝福并没有改变。

回婚礼

"回婚礼"又叫"归婚礼""金刚石婚礼"，是朝鲜族人为纪念结婚60周年而举行的庆典。举行回婚礼的要求很严格，夫妻双方必须是原配，有儿有女，既有孙子又有孙女，未有夭折的后代，没有犯法进过监狱，而且子孙们要家庭和睦，事业有成。这些因素综合起来的话，能举办回婚礼的夫妻其实非常少。因此，回婚礼的规模比普通婚礼的规模要更盛大隆重。

朝鲜族的回婚礼是从传统的周甲庆中衍生出来的。历史文献中，最早记载的回婚礼是在1822年。早期的回婚礼只要夫妻一方健在即可，仪式较为简单，后来越趋繁复和隆重。回婚礼是旧式婚礼和花甲宴的结合。老夫妻穿上60年前的结婚礼服，遵照过去的旧俗打扮成新郎新娘，举行奠雁礼、交拜礼和合卺礼。然后，接受摆满佳肴的婚席，俗称大桌，由子孙及亲朋敬酒磕头致

朝鲜族的传统婚礼以仪式繁复著称,要经过相亲、请婚、六礼等8个仪式方告完成。婚礼摆桌十分讲究,需要在礼堂桌子上摆满鱼、肉、水果、糕点等各色食品,食品摆得越多越好,代表家庭富裕(图①)。仪式中新娘要吃面,寓

意富贵长寿（图②），新郎则要拧下桌上叼着红辣椒的公鸡鸡头，以示自己在家庭中占据首要的地位（图③），这也是朝鲜族男尊女卑传统的延续。仪式结束后，新娘坐一台轿子，由新郎迎回家中（图④）。

贺，子女要给父母敬献整鸡。最后，"新郎新娘"坐在轿子里绕行村子一周。

到了现代，过去回婚礼中的奠雁礼、交拜礼和合卺礼仪式已经没有了，但也多了其他内容。回婚礼庆典开始前，"新郎"要去迎接待在某个子女家中的"新娘"，坐花车周游村子一圈，村里的年轻夫妇则在路上备酒等待花车经过，而后上前敬酒祝贺。在整个庆典过程中，男女老少载歌载舞，表达祝福和喜悦之情。回婚礼传递着本区朝鲜族人对老人的敬爱，对婚姻生活的忠诚，对美满婚姻的追求的传统观念和美德。

"男主外，女主内"

历史上，朝鲜族男尊女卑的传统观念浓厚，父子关系是一切人伦关系的基础，"男主外，女主内"是传统的家庭教养模式，这在农业社会尤为突出。男女分工明确，男人在外面工作，是家庭经济收入的主要来源；女性则在家相夫教子、操持家务。

朝鲜族妇女在家庭生活中是温柔贤惠的典型。她们对父母公婆极为恭敬孝顺，悉心照料，"婆媳不合"的情况很少出现。朝鲜族妇女对丈夫顺从体贴，因为在她们眼里，丈夫是"太阳的化身"，喝酒、吸烟、打骂是表现爱的特殊方式。妻子面对丈夫不能直呼其名，与外人交谈也不能提及丈夫名字，而是以"我家主人""丈人"或"孩子他爸"来替代。朝鲜族是一个从事水田劳动为主的民族，勤劳的妇女与男人一样从事繁重的农业劳动，男人负责犁田、整地、挖沟等"力气"活，诸如

拔苗、插秧等精细的工作则几乎全由妇女来完成。男人回家之后往炕上一坐，几乎不从事任何家务，而妇女不仅要下地干活，还要准备好一日三餐，纺纱，打草绳，织草帘，侍奉老人、丈夫和孩子。

迁入延边地区的朝鲜移民虽然沿袭着原有的男女传统观念，但在与汉、满等民族的融合过程中，传统的男女观念也发生着变化。随着社会的进步和经济的发展，朝鲜族妇女有越来越多的时间走出家门，参与社会工作和学习，不过家务劳动仍然主要由妇女来承担。在现代经济和思想浪潮的冲击下，男尊女卑的传统观念也逐渐淡化。

"忌绳"

"出生礼"被朝鲜族人视为是人生的开端礼，是非常受重视的礼仪，包括"忌绳""百日""抓周"等内容。其中，"忌绳"作为出生礼仪中的第一项，在延边地区，只有从朝鲜庆尚道迁移过来的朝鲜移民才有此风俗，来自咸镜道、平安道的移民则无此风俗。

有新生儿降临的家庭，会在孩子出生那天在自家屋檐下悬挂一根向左搓成的草绳，表

在传统的朝鲜家庭中，女性承担起大部分的家务。

"忌绳"是本区部分朝鲜族的出生礼仪之一。

示有新生命诞生，外人不要打扰。草绳上有特殊的标记告诉别人该家出生的是男孩还是女孩，如果草绳上挂着辣椒或木炭，表明是男孩；如果上面插着松叶或松枝，则表示是女孩。但也有的家庭生的是女孩却挂上辣椒，意味着这家人希望下一个孩子会是男孩。挂记号的讲究在一些不是生第一胎的家庭中并不非常严格。屋檐下的"忌绳"一般要悬挂21天，这段日子里，产妇可以得到静心休养，而婴儿也可处于舒适安静的环境里。待婴儿出生100天之后，全家会齐聚一堂为孩子过"百日"。

朝鲜族抓周

当婴儿安然度过第一个春夏秋冬之后，朝鲜族人会为孩子隆重地庆祝周岁生日，称为"抓周"，包括向"三神"致诚、穿新装、抓周晬、吃生日糕等习俗。向"三神"致诚是在周岁生日前一天进行，"三神"即"产神"。母亲或祖母把大米、海带汤和净水各一碗以及大米面蒸糕一碟摆放在所谓的"三神桌"上，一边祈祷一边叩头致谢。生日当天，婴儿会穿上母亲精心制作的七色缎袄，头戴幅巾，腰上系着象征长寿的"晬囊"，口袋绳上还拴着银妆刀、银斧等佩物。

在"抓周"的众多礼仪中，最重要的一项是抓周晬。摆晬桌上除了摆放刀、剪、弓、笔、书、线、钱、算盘等之类的物品，还有大米面蒸糕、红高粱面饼、打糕、大米面饺子、大枣、水果等食物。这些食物有着美好的寓意，大米面蒸糕预示心地纯净，红高粱面饼可以驱鬼辟邪，打糕象征意志坚韧，没有馅的饺子意味着满腹经纶和豁达胸襟。父母将孩子放到摆晬桌前，让其随意拿取，以抓取的第一样东西来判断孩子将来的志趣。如果先抓了线或面条之类，则意味着孩子将健康长寿；如果先抓了弓、箭、刀之类，意味着他将来会成为武将；如果先抓了米、钱之类，意味着以后他可能是富翁；如果先抓了笔、墨，意味着他以后可能成为文人；而抓取了打糕和水果等，则意味着他将来是个老实本分的人。抓周晬结束之后，家人会将糕点分给邻居亲朋，而对方也要回赠一些礼物。抓周晬这种预祝孩子未来的风俗，在现在的延边朝鲜族民众中依然保存并延续着。

"饭含"

朝鲜族人将孝道视为万行之首，在丧礼和祭礼中也强烈地折射出这种孝道观念。朝鲜族的丧礼是由一种以自然屯为单位组织起来的丧事协助团体——香徒来主持。这个组织的核心是屯里的老人，领导者叫"都监"，由成员来推举。丧事的主持者是老人，丧家则服从主持者的安排。

抓周仪式中会使用的部分物品。

丧事仪式非常复杂。入棺之前，家人为亡者穿上新衣服，洗脸，用白布包头，剪下手指甲，其中殓衣不能有纽扣和衣带。这个阶段有一个极为特殊的程序叫"饭含"，也叫"天食"，即往亡者口中放进3勺米，如果亡者是女性，使用的常为出嫁时带来的米。倒入米粒的工具是柳木制的勺子，3勺米均有不同的叫法，依次为"百石""千石"和"万石"。倒入米粒后，再往亡者口中放进3枚铜币，依次叫"百两""千两"和"万两"。"饭含"结束后，用麻布或白布将亡者的身体捆绑成3段。

为死者举行招魂仪式时，一般要在大门口或院子里摆设"死者床"，在桌子上放置3双草鞋、3碗饭和3杯酒，主持丧事者站在屋顶或高处，边摇晃着亡者上衣边呼唤着亡者的名字。入棺仪式一般是在死后第二天或者第三天举行，所有直系亲属都要到场。棺木里给亡者盖的被褥是红面白里，里面还铺着一层可以防腐的桦树皮。号丧在亡者入棺后才开始，直系亲属和非直系亲属按照规定的仪式号丧。

朝鲜族的葬礼有三日葬、五日葬、七日葬，甚至九日葬，

常见的是三日葬。出殡时，由青壮年来抬丧舆，左右两边各七人。传统的丧葬是土葬，由风水先生选定墓地。入土时，长子从墓穴四方各取一把土撒在棺木的上、中、下三部，然后众人一起动手埋葬。延边地区的咸镜道朝鲜族移民的坟墓有些特别，共设有两个祭坛，一个位于坟墓下端用来祭祀亡灵，称墓祭祭坛；另一处位于坟墓东端用来祭祀土地神或山神，称作后土祭坛。

水田文化

朝鲜移民越过图们江进入延边地区后，开始大规模种植水稻。朝鲜族人擅种水稻，长年的水田劳动影响着他们的思维和行为方式，也带来了与众不同的文化活动。

本区朝鲜移民早期开垦的水田多在河流两岸，为了满足水稻生长所需的水源，需要修建一些引水工程，诸如柳条拦河坝。显然，由于自然、经济、技术等条件限制，这样的灌溉工程不是一两户人家就能独立完成的，要倚靠众多家族的配合和协调。每年农历新年过后，江水刚刚解冻，朝鲜族农民就开始分工合作，割柳条，采石头，打草帘子和草包，

水田在朝鲜族的生活和文化中占据

然后在河里打桩、铺柳条，将石头和草包压在柳条上，修建成简易的柳条坝。朝鲜族农民在本区修建了许多这样的筑坝蓄水工程。长期的生产劳动实践，使他们形成了强烈的组织与合作意识，参与集体事务和活动的热情普遍比较高，建立了"品阿西""都例""荒都"等民间劳动互助组织。

赤脚弯腰在水田中劳作是一项非常沉重的体力活，劳动过程中的节奏非常快，在分工合作的基础上要速战速决。粉碎泥块、平整水田、修整田埂、疏通沟渠等体力劳动一般由男人来完成，而拔苗、插秧

重要地位。图为在稻田中载歌载舞的朝鲜族人。

等需要耐心的活则由女人来完成。快节奏的水田劳动也使朝鲜族人在盖房子、整地和干其他农活时养成了快速劳动的习惯。

本区的朝鲜族在水稻种植的拔苗、插秧、除草、收割、脱谷以及庆丰收等不同阶段，都会唱歌谣。其中一类歌谣在水稻生产的特定阶段吟唱，如"插秧歌""除草歌""脱谷歌"等；另一类适合任何劳动场合，如在田边地头吟唱的歌谣。

尊老

朝鲜人自古以来就把尊重老人视为重要的礼节，在日常生活的言行举止方面处处体现出尊老敬老的传统观念。在日常饮食中，晚辈要等长辈到来后才能进餐，要先给老人盛饭，老人不与晚辈同桌吃饭，而是单独在房间进食。父子一般不同席饮酒或吸烟，如果晚辈被允许和长辈同席，饮酒时必须转过身去，不能当着长辈的面饮酒。酒席上按照年龄大小来排座位和斟酒，只有等长者举杯之后，众人才可以依次举杯。

而在日常交际中，晚辈对长辈说话必须要用敬语，要用双手接送礼物。与长辈同行时，晚辈必须走在后面，如有急事赶时间，则要向长者说明缘由后方可先行。路遇认识的长者，要主动问安并让路。长辈外出时，全家要行鞠躬礼。在朝鲜族传统的炕屋里，也恪守着礼节规范，老人和长者坐在炕热的一端，睡觉时亦如此，年轻人则自动坐在不太热的一端。在朝鲜族人的观念中，父母身体是先祖生命的续传，要对父母从各方面精心加以侍奉。虽然朝鲜族家庭中长子结婚后与父母分居情况越来越多，但恭养父母的传统并没有发生变化，他们仍对父母尽赡养义务。

朝鲜族是个非常讲究孝道的民族，他们的家族意识要强于国家意识。李氏朝鲜时期，每年的农历九月九日被定为老人安慰日；到了现代，延边的朝鲜族则将每年的农历八月十五日定为老人节，传统的敬老习俗得以发扬光大。

花甲宴

在敬老尊老的朝鲜族社会，老人的60周岁生日是一生中最为盛大的一次生日，子女会给父母举办花甲宴祝寿。花甲宴最早称为周甲宴，又称回甲节、还甲宴。按传统的天干地支算法，60年为一个循环，

60周岁就是一个周甲。朝鲜族人把60周岁视为人生道路上特殊的标志，因此对花甲宴极为重视，以示对老人的尊敬和孝心。

这一风俗始于朝鲜李朝时期。1720年，肃宗在60周岁举办盛大庆典，首开庆贺高寿的先河。不久出现了"周甲庆"一词。不过，当时的花甲宴只限于王室和贵族，直到后来才慢慢流行于民间。

过花甲一般以男性为主，妻子要陪丈夫一起过。如果丧偶，男女都可单独过。花甲宴这天，子女在庭院摆上寿席，给老人穿上新衣服，让他们坐在绘有日、山、水、石、云、松、龟、鹤、鹿和不老草10种象征不老图案的屏风前接受寿礼。寿礼开始时，按照儿女长幼之序、亲朋远近之别，依次向老人敬酒献寿。花甲老人前面的寿筵最为丰盛，这在朝鲜语中称为"望床"，一般高17—20厘米。丈夫前面放着一只蒸熟的公鸡，妻子前面放的是母鸡。宴后，人们将花甲宴上的食物带给小孩吃，据说可以长寿。老人身上穿的新衣服则要好好保存起来，待到去世后作为寿衣。花甲宴上还有很多风俗活动，人们载歌载舞，庆贺狂欢。在延边地区，还有大儿子和儿媳背着老人跳舞的花甲宴习俗。

岁首节

春节又叫岁首节，是本区朝鲜族一年中最盛大的传统节日。正月初一，又叫元日，是一年之首。这天早上，朝鲜族民众清洗一身换上新装后，就开始岁拜。岁拜由家中最小的孩子开始，依次向最年长的长辈行礼。岁拜之后就是吃早饭，吃饭之前朝鲜族人会先用迎接新年准备的食物——岁馔以及岁酒来祭拜祖先，然后按辈分依次就座吃年饭。这天除了给祖宗上坟扫墓，还要给村里的长者和邻居拜年。

不同的正餐，岁馔的内容也就有所不同。早餐通常是打糕、大黄米饭和鱼肉、山野菜，以及男人喝的用桔梗、防风、山椒、肉桂等中草药，特制的"屠苏酒"（据说能驱邪、益寿）；午餐和晚餐多为一种

花甲宴上，女婿们背着老人跳舞（上图），小辈向长辈行跪拜礼（下图）。

名叫"德固"的饼汤。"德固"是将大米面煮熟捣成圆条，切成薄片，而后放进鸡肉汤、牛肉汤中制成，"满德固"只是比"德固"多放了几个肉馅饺子。

朝鲜族人会以各种活动来庆祝岁首。白天有挂"福笊篱"、拔河、打"石战"、跳板、放风筝等活动。其中，挂"福笊篱"是指春节前夜将一种用细柳条编织而成的笊篱用红线挂在墙上，祈愿全家一年幸福无灾。到了晚上，朝鲜族民众就会进行"马田掷骰""熏鼠火""烧发""赶夜光"、猜谜、玩花图、捉迷藏等游戏类活动。

上元节

农历正月十五是一年中第一个月圆日，故称"上元节"，也叫元宵节。历来，无论是汉族还是中国其他少数民族，关于上元节的庆典活动都很多，从东汉开始有元宵节之夜挂灯的习俗，唐朝开始出现灯市，宋代观灯之俗最为兴盛，且增加了吃汤圆的习俗，明清时期朝野同庆上元节。在延边，朝鲜族的上元节内容也非常之丰富。

他们将正月十四称为"小上元"，正月十五称为"大上元"。"小上元"这天，朝鲜族人有"做禾竿""打刍"（即打稻草人）、"捐木葫芦"（朝鲜族少年有佩戴青、红、黄三枚木质葫芦的习俗）等活动。到了"大上元"之日，孩子们早晨会玩"卖暑"的游戏，家中男女老幼按辈分依次喝"聪耳酒"，以示耳聪目明，不染耳疾，常闻喜讯。除了喝酒，还要吃五谷饭或药饭，以望能五谷丰登。由于药饭的原料除了江米，还有蜂蜜、大枣、栗子、松子等，较为昂贵，因此朝鲜族人就以小米、大黄米、糯米、大豆等做成五谷饭来替代。

白天，人们会用牛车来举行车战、拔河等游戏。到了晚上，赏月是上元节必不可少的内容，男人们会在这天上山砍下松枝，用草绳和竹竿搭成"月宫"。月亮升上天空后，人们点燃"月宫"，提着青纱灯笼，围着火堆奏响乐曲，载歌载舞。人们还举着火炬走到高处"迎月"，在月下踏桥，据说第一个看见圆月之人，会迎来福气和财富。

寒食节

在古代东亚地区，每年冬至后的第105天，即清明前一两天，叫寒食日，古代亦称"禁烟节""冷节"，其历史比端午节还悠久，民间流传的说法是为纪念春秋时代的名士介子推。寒食节在古代是传统的春祭，也是民间最大的祭日。朝鲜族如同汉族一样，非常重视寒食节。朝鲜族人关于寒食节来源有如此的说法：朝鲜族人对火非常珍重，每到春季朝廷就会发放种给民众，发放那天人们只能吃前一天准备好的冷食。汉族也有在寒食节禁火的习俗，可能源于上古以来的民间信仰，认为春季龙星出现于东方容易引起大火，于是农历三月龙星初现时禁止生火。

最初，寒食节只是禁烟火，吃冷食，到后来就多了扫墓、踏青、荡秋千、蹴鞠、斗卵（斗鸡蛋）等内容。其中扫墓后来成为寒食节最重要的内容，并在唐朝成为习俗，寒食节也成为唐朝一个隆重的全国性节日。由于寒食节与清明节只相隔一天，后来寒食节逐渐衰退，而清明节反而凸显出来。但朝鲜族人仍然把寒食节作为祭扫祖坟的日子。他们会在这一天准备好酒、果品糕点、肉等食物到祖先的坟墓扫墓祭祀，进行培土修整，亦作"加土"，或者举行移葬。20世纪50年代以后，由于延边地区汉族人口的大量迁入，受汉族的影响，当地朝鲜族的寒食祭祖也逐渐改为清明祭祖。

采参习俗

自古以来长白山就是名贵中药人参的主产地，采参活动由来已久。在采参的过程中，放山人逐渐形成了独具特色的采参习俗。

进山前，放山人中的把头和边棍对其他成员总是给予叮嘱，要遵守采参的信条和规矩。上山后，放山人要先在一棵大树下用石头垒起一个"老爷府"，供奉最早来东北采参的老把头。每天早晨，放山人离开窝棚进山寻找人参之前，要先拜老爷府；晚上回来之后也要先拜老爷府。放山人有特定的语言：为了图吉利，在工具前面都加上"快当"二字；管抽烟叫"拿火"、找参叫"压棍"、老虎叫"细毛子"、蛇叫"钱串子"等。

如果有人找到人参，那么就得大喊一声（称"震山音"），喊叫的话一般是"二角子""五品叶一片"等，其他人则相互报喜说："发财！发财！"喊完后要马上把随身携带的索拨罗棍插在参的旁边，并在人参

的茎上拴上红绳——相传人参有仙气与灵性，不拴紧很容易"跑掉"。人参拴好后方可"开盘抬参"，即破土挖参。若是放山过程中遇到成片的人参，要把幼小的留下让其长大。放山人讲究"缘"，据说人缘不好或无德的人不但找不到人参，还会有生命危险。

挖参所得的收入由全伙成员平均分配，如果在挖参过程中遇到别的放山人，也要分给他们。搭的窝棚下山时不拆，还要留下米、盐和火柴，以备他人使用。千百年来形成的这种采参习俗，体现了当地人

以团结互助、同舟共济、诚实守信为核心的价值取向。2008年，长白山采参习俗被纳入第二批国家非物质文化遗产保护名录。

崇尚"七色"

朝鲜族被称为白衣民族，他们崇尚白色，白色是服装中最基本也是最常见的色调，但是朝鲜族也崇尚如彩虹般的七色。在他们看来，彩虹是光明和美丽的象征。朝鲜族妇女在日常生活中会将剩余的各色布料收集起来，在孩子周岁时做成七色缎袄，再用七色绸缎制

朝鲜族女孩喜欢穿有七色袖筒的七彩衣。

成衣服的袖筒，穿上这七彩衣寓意着幸福。女儿出嫁时，母亲会用七色绸缎做成新婚棉被。年轻的女孩在喜庆节日也喜欢穿上七色服装。

颜色的观念很早就渗透在古代朝鲜人的理念中。他们根据阴阳五行学说，将青、赤、白、黑、黄五色代表东、南、西、北、中和木、火、金、水、土的五方正色，它们是辟邪的基本颜色。因此穿上七色服，可以用来辟邪。在古代高句丽的壁画中，皇室贵族身穿的传统服装有青、黄、紫、黑、白、豆绿、朱红等多种颜色。朝鲜族崇尚的七色中则没有黑色，取而代之的是蓝色、青色或其他颜色。绿衣红裳、黄衣红裳、七色缎等体现了朝鲜族服饰独有的对比色的协调与搭配。

五谷祭

每年农历正月十五，本区的朝鲜族农家都会举行一系列活动，包括为防止夏季中暑而进行的"卖暑"，为防止身上长脓疮泡疖而举行的"咬疖子"，以及为防止耳聋而进行的"开耳酒"。这些活动结束之后，朝鲜族民众还要吃用5种粮食煮成的饭——五谷饭，

意祝当年五谷丰登。此外，还将这种饭放到牛槽中，牛选择吃的第一种谷物就预示着这种谷物将在这一年获得丰收。五谷饭所使用的五种谷物是大米、大麦、大黄米、高粱米和小豆。按照传统，这天要与不同姓氏的三家人一同分享五谷饭，最好是分9次吃，意味着一年内丰衣足食，寄托健康与丰收的愿望。

吃五谷饭也被称为五谷祭，这种习俗流传已久。早在新罗国时期，正月十五这天被称为"乌祭之日"，用五谷饭来祭扫乌鸦。朝鲜古代文献《三国遗史·射琴匣》中就记载有五谷祭的内容。五谷祭应该是由"乌哭祭"音转而来。传说，古代一位朝鲜国王在正月十五那天得到乌鸦的指点，派人射杀了藏在宫廷王妃琴匣里的奸细，为了报恩就在每年这一天摆设祭坛，祭祀乌鸦。

大倧教

19世纪末20世纪初，朝鲜逐渐沦为日本的殖民地，朝鲜人民纷纷起来抗争，抗日斗争此起彼伏。面对社会混乱、经济衰退、民生凋敝的现状，儒、道、佛等传统宗教已经无法给朝鲜人民带来精神安慰，一种

新兴宗教应运而生。1909年，弘岸大宗师罗喆发布《檀君教布明书》，重建檀君教，自任都司教，第二年改称大倧教，奉行"敬奉天神，诚修灵性，爱合种族，静求利福，勤务产业"五大宗旨。

大倧教的创立融合了对檀君的祖先崇拜以及儒家传统的"忠""孝"观念，因此唤起了民族意识，吸引了大量教徒。至1910年6月29日，朝鲜境内的大倧教教徒人数已超过2万名。他们刊行文献，使用檀纪年号，大力提倡民族主体思想，宣扬朝鲜独立，鼓励抗日。大倧教被认为是"崇奉国祖的抗日教团"，遭到日本殖民者迫害。

为躲避日本殖民者的残害，20世纪初大量朝鲜抗日人士迁入中国东北，大倧教徒也随之移居东北，朝鲜族聚居最多的延边成为大倧教活动的一个大本营。1910年延边三道沟（今属和龙）设立了大倧教的支司，此后和龙相继建立起大倧教系统学校和教堂，大倧教徒开始传教。都司教罗喆于1914年在和龙青坡湖设立大倧教的总本司和古经阁，并在中国延边、上海，韩国汉城（今首尔），苏联巢鹤岭设立

东、西、南、北4道本司。1916年，罗喆殉教，其继任者金献在第二年移居和龙，继续开展民族教育和独立运动。1919年，龙井爆发了"3·13"抗日运动，延边各地的大倧教徒广泛参与抗日斗争。1920年，徐一在汪清创办士官练成所培养军事人才，这年10月领导以大倧教徒为核心的北路军政署参与和龙青山里战斗，取得了胜利。

由于1920年日本发动"庚申年讨伐"，东北地区的民族抗日斗争陷入低潮，以马列主义为代表的理论思想开始传播，大倧教也被迫抛弃原来的抗日主张，回到纯宗教信仰的道路。作为一个年轻的宗教，大倧教的早期发展过程随着20世纪上半叶动荡的社会环境而跌宕起伏。

库雅喇满族祭祖

满族人有祭祖的传统，从努尔哈赤、皇太极到后来的清朝皇帝都实行祭拜祖先的制度。从皇室做起的祭祖活动，在民间满族人中得到了进一步强化和遵循。农历四月初一这一天，满族的孝子贤孙们便会隆重打扮，齐聚祠堂进行祭祖活动，祭祀皇太极。不同地域的

满族人的祭祖形式各有不同，生活在珲春的库雅喇满族每逢重大的节日都会展开祭祖活动，以示不忘祖先、家规祖训。最初，珲春的祭祖活动只限于珲春库雅喇满族人参加，也是选择农历四月初一这个满族人共同的节日举行。随着祭祖活动的影响越来越大，居住在其他地方的不同部落的满族人也会赶来参加珲春库雅喇人的祭祖活动。

祭祖活动由库雅喇满族中德高望重的长者主持，掌管祭祀的家萨满手持香烛祈求天神和皇太极，保佑子孙后代健康长寿。家萨满一边用满语念着咒语，一边用手在水缸里比画着。这缸里的水就成了吉祥水，家萨满将这些水分给前来祭祖的人们饮用。萨满的祭天活动是伴随着祭祖而来的，祭

天结束之后，不同姓氏的满族人来祭拜自己的祖先。拜祭完成后，接下来是聚餐。每逢祭祖活动，满族人都会穿上满族服饰，与亲人朋友相聚一堂，拜祭祖先。

洞箫

在珲春的图们江湾汊处，有一个朝鲜族乡，据说那里生长着弹性强、适合制造弓箭的树，这个乡就是根据满语"密占"而得名的密江。密江有很多乡民会吹奏一种传统的朝鲜民族乐器——洞箫，因此也被称为"洞箫之乡"。洞箫是一种竹竿质乐器，可配合打击乐一起演奏，演奏人数从几人至上百人不等，队伍庞大。

密江吹奏洞箫的历史可以追溯至20世纪30年代。为躲避日本殖民者的迫害，50多岁

密江地区洞箫爱好者众多，常自发性组织队伍演奏。

的韩信权背井离乡，从朝鲜咸镜北道来到珲春密江。韩信权洞箫演奏技艺高超，移民到珲春时随身携带着一支洞箫和一个朝鲜鼓，后来与村民金在权、韩凤基组成三人民乐队，吹箫打鼓。他们成为密江第一代洞箫队，经常出现在生日、结婚、过花甲等喜庆的场合以及田间地头。

洞箫演奏很快受到当地人的喜爱和追捧，韩信权被称为"韩洞箫"，乡民学习演奏洞箫的风气渐起。以金官淳为代表的洞箫爱好者，向韩信权拜师学艺，成为密江第二代洞箫传承者。一批以休闲、爱好与娱乐为目的、自发组织起来的洞箫爱好者群体，开始了密江洞箫走向大众化、普及化的发展途径，他们也成为密江第二代洞箫队。

扇子舞

扇子舞是朝鲜族妇女持花扇道具表演的一种传统民

扇子舞中，演员以扇子摆出优美绚丽的造型。

间舞蹈。舞者持一把或两把花扇，绕身舞成"8"字形扇花，并随着队形的变化，舞动花扇组成不同的图案和造型。关于朝鲜族扇子舞的起源，有多种说法，如起源于古代的《伽耶舞》，或民俗活动的扇子表演，或是艺伎的持扇"庆贺舞"，或唱剧中的即兴扇舞。不过，扇子舞的起源更多是倾向于巫舞说。

古代朝鲜有为祭祀檀君而产生的巫党，他们用扇子来举行巫术活动，因为檀君被称为三神，这种扇子也被称为三神扇。起初，巫党舞动扇子，

祈求谷神、产神、家宅守护神的庇佑。随着巫术仪式的不断完善，巫术活动中的扇子舞也逐渐产生。巫党右手持扇，左手持铃，在缓慢舞动中将神迎下来，而后全身抖动，狂跑跳跃，边唱边舞，以示神灵附体。此外，还配有"登得宫"长短舞乐。

巫术活动中的扇子舞存在了很长时间，到了朝鲜李朝时期发展转变成了宗教仪式舞蹈《扇舞》。《扇舞》是右手持铃，左手持扇，有多人参与的一种集体性的舞蹈，因此讲究庄严、整齐、秩序。扇子舞继续发展，衍生出祠堂舞中的扇子舞。扇子舞的表演分两段，前段是慢板，后段动作非常激烈。至今，祠堂牌扇子舞仍延续了下来。从朝鲜半岛移民延边地区的朝鲜族就在传统的巫党与祠堂牌的扇子舞基础上发展了自己的民间舞蹈扇子舞。每逢佳节吉日，延边的朝鲜族人就会跳扇子舞，有单人舞、双人舞、团体舞，单扇和双扇交替运用。

长鼓舞

长鼓舞是朝鲜族极具代表性的舞蹈之一，舞者将长鼓挂在前腰上，边击鼓边跳舞，最初只有男性独舞，后来发展成为男女均可表演的独舞、双人舞、群舞。在延边地区，长鼓舞的表演者多为年轻女子，边击边舞，动作优美。

长鼓又名杖鼓、伏鼓，朝鲜语读作"卜"，是一种击膜乐器。长鼓最早起源于印度，4世纪时传入中国长安，11世纪初传入朝鲜半岛，后来成为朝鲜民间最重要的击膜乐器。长鼓在中国众多少数民族中也都有存在，而朝鲜族的长鼓造型最为漂亮，音色也最柔和。长鼓鼓身用椿木、桦木或杨木制成，呈圆筒形，两端粗而中空，中间细而实。两端鼓腔粗细不同，粗的一端蒙上牛皮、马皮或猪皮，可发出柔和深沉的低音；细的一端蒙上鹿皮、鱼皮或狗皮，发出清脆明亮的高音。表演时，右手持细竹条制成的鼓鞭或木质鼓槌敲击细端鼓面，有单鼓点、双花点、滚奏、震奏等多种技巧；左手则拍击粗端鼓面，有单鼓点、单花点、双花点和闷鼓点4种技巧。

跳舞时，一般是从慢板起拍，而后节奏逐渐加快。舞者边击鼓边旋转，有的可旋转几十圈。柔和的手臂动作，轻快的舞步，复杂的鼓点，彼此相互协调，形成极强的艺术感染力。长鼓舞的伴奏音乐曲调有多种，包括安当长短、挥矛里长短、古哥里长短、阳山道长短、打令长短、抒情长短、新安当长短、等得空长短、漫长短等，其中最常用的是古哥里长短。

象帽舞

象帽舞是朝鲜族民间最具代表性的传统舞蹈农乐舞的分支，其集音乐、舞蹈和演唱于一体，分为长象帽、中象帽、短象帽、线象帽、羽象帽、尾巴象帽、火花象帽等种类。帽是一种硬质的无檐帽，中间有锥形凸起，锥尖上有一可灵活转动的细轴，上面缀有用"高丽纸"裁剪成的细长纸条，即象尾，其质地非常坚韧，色彩多种多样。舞者以颈部的力量摇动头部象帽，甩动长达上米的象尾。现在最长的象尾有28米。甩动象尾的技巧有左右甩、前后立象尾、单甩、双甩、三甩、站立甩、蹲甩、跪甩、扑地甩等多种方式，象尾如飞轮在舞者头顶和身体四周上下左右抖动飞舞。

早在高丽王朝时期，朝鲜族民间就已经出现象帽舞，有1000多年历史。相传，象帽舞源自古代朝鲜人在耕作时将大象毛绑在帽顶用来驱赶野兽的做法；也有说是源自朝鲜人猎取野兽后甩动发髻表示庆贺的仪式。每到秋天丰收时节，本

①

②

农乐舞形式欢快（图①），融合了

区的朝鲜族就通过舞动象帽来表达丰收的喜悦。象帽舞是一种群舞，跳舞过程中，还辅以手鼓、长鼓、边鼓及大锣、洞箫、短笛和唢呐等乐器伴奏。当音乐响起时，先甩短象帽，接着是甩中象帽，动作相对复杂；最后是甩长象帽，并做许多高难度动作。汪清百草沟被誉为象帽舞之乡，20世纪40年代末这里就组建了象帽舞表演队。每逢节日庆典，人们就甩动色彩缤纷的象帽。

农乐舞

以种植水稻为主的农耕生产是朝鲜族农民最重要的生产活动，每当水稻插秧或收割结束后，以村庄为单位的男女老幼就聚集一起，在打击乐器的伴奏下载歌载舞，以祈求或庆贺丰收。这种边歌边舞后来发展成为一种融音乐、舞蹈和演唱于一体的艺术形式——农乐

长鼓舞、象帽舞等多种传统舞蹈及传统民俗乐器：图②—⑦分别为小锣、大锣、唢呐、手鼓、鼓、长鼓。

伽琴 朝鲜族的弹拨乐器，又称朝鲜筝、伽倻琴。据朝鲜史书《三国史记》载，伽琴为伽国嘉实王仿中国汉筝而造，可追溯到公元6世纪之前，于19世纪传入中国。传统的伽琴有用于"正乐"演奏的风流伽琴和用于散调、民谣等演奏的散调伽琴。风流伽琴用桐木对半刨槽而成，琴尾有羊角状流苏钩，有梁尾盘于其上，弦数为12弦。散调伽琴略小，梁尾盘在琴的尾部。20世纪50年代，延边艺术家以在珲春发现的一部朝鲜伽琴为基础，对伽琴进行了改良，并开设伽琴专业，使伽琴弹唱作为朝鲜族特色的音乐形式得到普及。

舞。关于农乐舞的起源，有诸多说法，如起源于古代的祭天神仪式，或佛教仪式中的募捐之事，或者是古代军事防御中娱乐性和趣味性相结合的乐舞训练。

在朝鲜李朝时期，通过一代代民间艺人的传承，农乐舞极为盛行。这种活动有两种形式，一种是以舞蹈和哑剧形式进行情节性演出，另一种是为庆祝丰收或节日而以舞蹈为主要内容的群众性表演。朝鲜族移民陆续迁入延边地区后，也

将这种艺术形式带到了延边，并在长期的生产活动中得以发展。

在延边每个朝鲜族聚居的村屯都有自发组织的农乐舞队。农乐舞队由农旗、令旗、小金、长鼓、钲、小鼓、唢呐、舞童和化妆舞队组成，人数一般是10—30人。农乐舞的表演共包含两个部分。演出时，每个村庄都派出自己的舞队，前方以令旗和农旗为先导，随后是小锣、箫、唢呐和其他鼓类乐器组成的仪仗队，然后是

一系列传统民间舞蹈表演，包括小鼓舞、长鼓舞、扇舞、鹤舞、象帽舞、哑剧等，其中象帽舞是最后的压轴表演。

荡秋千

中国不少民族中都有玩秋千的习俗，如白族会在春节期间荡秋千以祈求平安，苗族有表达爱慕之情的八人秋千，广东潮汕地区也有元宵荡秋千的习俗，此外还有阿昌族、柯尔克孜族、土族、哈尼族等少数民族。生活在延边地区的朝鲜族也有荡秋千的悠久传统，但只有朝鲜族限制了荡秋千的人的性别，只允许妇女参加。

关于秋千的起源有着多种传说。一说是13世纪时，妇女们为了放心下地劳作，就在家门口的横框上拴上两条绳子给孩子们玩耍；一说是朝鲜江原道人为了驱赶蚊子，而制作了最早的秋千雏形，即一种摇篮；另一说是从北方少数民族山戎传入朝鲜半岛的。13世纪初期，朝鲜古代文献中出现了关于秋千的记录，当时荡秋千在王公贵族中非常盛行。到了朝鲜李朝时期，荡秋千在普通百姓之间广为流行，且发展成为一项大规模的竞技运动。15世纪时，首都市民会在端午

节那天将全城的妇女分成南北两组进行荡秋千比赛。这一时期，朝鲜已经开始在秋千绳上系上响铃来测量秋千高度。

本区的朝鲜族移民将荡秋千这种运动继续发扬光大，每逢运动会、农闲季节或者端午节、中秋节，妇女们身穿鲜艳的朝鲜族传统服装，在秋千架上做着舒展的腾空动作。朝鲜族荡秋千有自己特殊的竞技规则，分为单人荡和双人荡，以前者为主。比赛时以脚踢响挂在高空中的铜铃或皮鼓，谁踢响的次数最多，也就成为比赛的胜者。也有以荡起的高度来决定胜负的。她们的秋千架高度一般为10—12米，踏板宽三四十厘米，秋千绳上拴有布条以便系在手腕上防止滑落。

拔河

作为一种能显示集体智慧和团结力量的民俗游戏和体育项目，拔河在朝鲜族民间有着久远的历史。早在15世纪，朝鲜人就热衷于拔河这项比赛。而今，多在元宵节、端午节等盛大节日里才能看到规模宏大的拔河比赛。

本区的朝鲜族人往往以村屯为单位进行拔河比赛，人数少则百人，多则上千人，并组织有农乐队来助兴。拔河用的绳子比较特殊，用稻草和葛藤制成主绳和侧绳，主绳又分为雄绳和雌绳，主绳每隔2米就要分成几根侧绳，以便更多人参加。绳子直径为半米甚至2米，长达数百米。比赛时，将雄绳的尖头插入雌绳的环内，

而后在雌绳的环里插入一根木头——簪子木，使雄绳、雌绳连续得更牢固。拔河的分界线可以是村里的主干道，也可以是村与村之间的大路或一条小河。一方为东，拔雄绳；一方为西，拔雌绳，在总指挥一声令下后，双方开始展开激烈角逐。胜利的一方会大摆宴席，载歌载舞。

拔河是从劳动生产中发展起来的一项运动，有着很深刻的文化内涵。由于过去从事农业生产的多是女性，因此一个村内的拔河比赛要让代表雌性的西部一方获胜；如果东部在前两次比赛中获胜，那么第三次比赛就要输给西部，借此来祈雨解旱，象征农业丰收。从绳索的雌雄区分来看，拔河游

荡秋千在朝鲜族里是妇女的专属活动，甚至还曾发展成为一项大规模的竞技运动。

比起一般摔跤，朝鲜式摔跤更着重技巧，因而更具可观性。

戏还是上古一种特殊的生殖崇拜的仪式活动。此外，人们还将拔河当作是一种辟邪的民俗活动。

摔跤

摔跤这种运动在朝鲜族历史上有着深厚的传统。古代社会中，为了在战争中取得胜利、在农业生产中获得丰收，需要有力的武士、斗士与其他民族或者猛禽进行搏斗，在搏斗中便产生了摔跤。生活在朝鲜半岛上的朝鲜人发展起了自己的朝鲜式摔跤。早期的朝鲜式摔跤，主要是以祭礼仪式中的一项重要活动的形式存在。到4世纪时，高句丽壁画中有完整的摔跤场面，摔跤常与弓箭、赛马、手搏等活动一起举行。高丽时期（918—1392），摔跤在平民百姓中极为盛行，人们通过比力气来决定胜负。到李氏朝鲜时期（1392—1910），统治者也通过摔跤来选拔武士。15世纪后，每逢端午或中秋，朝鲜男子便会踊跃参加摔跤比赛，角逐力气和技巧。只要来到摔跤场，任何人都可以参加。

100多年来，延边的朝鲜族人通过与周围民族相互交流摔跤技术，发展成具有本民族特色的摔跤。朝鲜式摔跤比赛按照选手的年龄与力气分为少年、青年和壮年3个级别，由少年摔跤开场。比赛时，选手双方的右大腿上都缠有麻布或白棉质的腿带，腿带可伸展缠在腰间。比赛开始时，身体略微前倾，右膝着地，左膝弯曲，右手抓住对方腰带，左手抓住腿带，然后静候裁判员哨声响起，便可直接发起进攻。比赛一般采取三局两胜制，双方除两脚着地外，身体其他任何部分着地都为输。比赛中不允许拧对方脖子和胳膊，也不准用头部或手击打对方。摔跤很讲究技巧和战术，攻防技术有内勾、外勾、抢起、箍脖、背肚子摔倒等。

在盛大的摔跤比赛中，获胜者会得到一头黄牛的奖励。黄牛是朝鲜族人重要的役畜，人们借此表达敬意，并鼓励获胜者好好劳动，锻炼身体。

跳板活动中，跃起者会利用道具展示柔韧性和技巧，争取赢得胜利。

跳板

跳板是朝鲜族姑娘钟爱的一项体育运动，在延边以及其他朝鲜族聚居地区都非常流行，每逢元宵节、端午节和中秋节等节日就会举行。民间有俗语说："姑娘时不跳跳板，出嫁后就会难产。"

关于跳板这种运动的起源大概有两种说法，一说其源于古代被禁闭在家的年轻姑娘为了看到外面的世界，于院内支起跳板腾空；另一说是朝鲜族妻子为了让被无故囚禁的丈夫看到自己的身影就用跳板将自己抛向空中。朝鲜族的跳板用质地坚硬又有弹性的水曲柳木制成，长6米、宽0.4米。跳板中央有板垫作为支撑，板垫是用稻草套内再填入黄土做成。跳板两端分别站人，一人用力起跳，靠身体急速下落的力量将木板跷起。双方轮流起跳，将身体抛向空中。

跳跃过程中，腾空者可做出许多有技巧和姿态的动作，如直腿跳、屈腿跳、剪子跳和空翻跳等。此外，这项运动还需要两人的彼此配合协调。在正式的跳板比赛中，有抽线拉高和表演技巧两种比赛方式。前者根据腾空者系在脚踝上的线抽拉出来的长度来决定胜负；后者则是借助扇子、藤圈、花环、彩带等道具，根据表演难度、完成质量以及姿势优美的程度来评分。表演动作一般分为规定动作和自选动作，惊险、难度高的动作总是受到观看者的追捧。

顶瓮竞走

在延边地区，常可看到朝鲜族妇女头顶盛满水的瓦瓮、装有衣物的包袱、粮食或其他物品，也能走得很快，而且不会让东西掉下来。勤劳的朝鲜族妇女从小就要学习头顶搬运的技能，长大后就习惯用头顶来搬运重物，而不是肩挑、手提。顶东西时，妇女们会在头顶放一个用毛巾或布做成的垫圈，其一方面可以防止硬物直接与头部接触和摩擦，以免受伤；另一方面则可起到固定物体而不致掉下来的作用。她们甚至不用手扶，就能顶着物体

头顶水桶等重物仍健步如飞是朝鲜族妇女的一项绝活。

快速行走。特别是在顶水罐或水瓮时，健步如飞竟能让水不溅出来。在插秧、锄草等农忙季节，妇女们就头顶水罐将水或米酒等食物送到田间地头。不过，随着现代运输工具的飞速发展，用头顶搬物的朝鲜族妇女越来越少。

从这种生活习俗中，人们逐渐发展出顶水舞以及顶瓮竞走的体育运动。顶水舞所使用的水罐多为纸糊的道具，上面绘有漂亮的花纹。舞蹈以挫垫步、踏波步、碎步等为基本步伐，模仿生活中顶罐行进的各种动作，用优美的舞姿表现出来。

顶瓮竞走则是头顶瓦瓮，看谁走得最快的民族体育运动。参赛者都是朝鲜族妇女，她们头顶盛有10余千克水的瓦瓮，走过一般为100米或200米的赛程，谁走得最快，走得最稳，水没有洒出来，瓮没有掉下来，即是比赛的胜者。

杨泡满族剪纸

满族剪纸工艺开始于明末女真族掌握造纸技术之后。女真人是满族的祖先，其使用的纸用长白山区生长的桦木制成，质地较为粗糙。在此之前，女真人也用过诸如皮革、鱼皮、树皮、麻布等材料来"剪纸"。如今，仍可在长白山区看到用苞米窝、红辣椒、绿叶制作成的剪贴图案。位于珲春的杨泡，有着悠久的剪纸文化，上到古稀老人，下至10岁孩童，多能信手剪出表现力极强的剪纸作品。

剪纸这种较为古老的艺术，源自满族的原始宗教——萨满教。萨满教崇奉天神、地神、祖先神、家神、动物神、植物神、嬷嬷神等170多种神

杨泡满族以剪纸闻名，窗户、大门、牌坊、路灯上都可以张贴剪纸。

灵，是个原始的多神教。满族人经常用图画来表现对神灵的崇拜，而剪纸便是其中一种形式，几乎所有与萨满教有关的事物都可以成为剪纸的题材。萨满教的众多神灵中，以嬷嬷神为最多。嬷嬷神是满族母系氏族社会习俗的一种传统反映，其有多种类型，各司其职，有欧木娄嬷嬷、萨克萨嬷嬷、威虎嬷嬷等。为表示对嬷嬷神的崇敬，满族人用剪纸剪出嬷嬷人的形象。这种嬷嬷人可坐可立，其衣着打扮为地道的满族装束。此外，动物、植物也是满族剪纸的主要描绘对象。

满族人的剪纸有着不同于汉族剪纸的独特艺术特点。在表现手法上，满族剪纸注重构图的意向化，有单个人物或动物、动植物与人3种组合构图模式。在剪法上，多使用大剪刀，线条简洁、粗犷，剪法浑厚拙朴。动物、人物身上不剪毛发，黑白对比强烈，眼睛用香火烧出。在色彩上，汉族剪纸多用喜庆的红色，满族剪纸却尚白，逢年过节满族人常用的是白色纸剪。祭祖时，他们也使用白色挂签剪纸，而清明上坟时的佛头剪纸却是五颜六色。

大钦茂

698年，粟末靺鞨族首领大祚荣建立渤海国；737年，大钦茂继位成为渤海国第三代国王，直至793年病卒，在位56年，是渤海国历史上在位时间最长的一代国王。大钦茂继位时，唐朝正处于"开元盛世"的鼎盛时期，国力强大，而渤海国在经历两代国王的武力征服扩张后，耗尽人力、物力，经济生产仍处于较低水平。为此，他对内实施"文治"，对外则采取亲唐政策，曾先后4次接受唐朝册封。大钦茂积极学习中原的政治、经济、文化，把渤海国引向全面发展的轨道。政治上，他效仿唐朝统治机构的模式，建立起相应的军事、司法机构，以及品阶、散官和勋爵之制，维护等级制度。经济上，他倡导从唐朝引进先进农业生产技术，在去往长安的朝贡使团中安排商人，展开商业贸易。山东青州就是当时为与渤海国进行贸易往来而发展起来的城市。文化上，大钦茂派人入唐抄写《三国志》《晋书》《三十六国春秋》《唐礼》等汉文典籍。大钦茂时期的杨泰师是渤海国历史上第一位诗人。大钦茂大力移植唐朝文化，使渤海国出现政治稳定、经济发展、文化繁荣的局面。

大钦茂在位期间，曾3次迁都。756年，他将都城从中京显德府迁至上京龙泉府。在此期间，大钦茂积极发展同日本的关系。774年，大钦茂在上京登基称帝，并将年号从"大兴"改为"宝历"，与唐朝发生激烈冲突。此次逾制事件直到785年才告终，大钦茂恢复封爵，将都城迁至东京龙原府，复用大兴年号。直至大钦茂逝世，都城再度迁往上京。

吴大澂

由于长达200年的封禁政策以及俄国的频繁侵略，清末延边地区出现了严重的边防危机。1880年，江苏苏州人吴大澂奉旨以三品卿衔的身份前往吉林，与吉林将军铭安一同办理防务事宜。次年4月，清政府将三姓、宁古塔以及珲春的防务问题全都交由吴大澂办理，开始实施移民实边政策。至1883年9月，为准确处理中俄边界事宜，他先后3次前往珲春进行实地考察和谈判。1886年，时任吉林边务督办的吴大澂再次来到珲春，与俄国东海巡视巴拉诺夫据理力争，通过谈判斗争签订了《中俄珲

敬信沙草峰下的吴大澂石像。像前是吴大澂的真迹刻字"龙虎",为"龙盘虎踞""龙蟠虎视"之意。

春东界约》,终于争回了黑顶子等大片被俄国侵占的土地,也获得了中国船只经过图们江的出海权。

针对当时延边地区人烟稀少、交通不便、边防空虚、军队涣散的情形,吴大澂采取了一系列治边措施,提出了"一购利器以讨军实,一招屯户以实边上"的治边政策。所谓"购利器以讨军实",是指改善武器装备,增强边防实力。为此吴大澂编组了靖边军,其中中路军左、中、右三营就驻扎在珲春。同时,他下令在各要隘处构筑炮台,设立驿站、驿道等联络通道。"招屯户以实边上"则是指移民

实边政策,招募人民前来开垦荒地,充实边防,以防止俄国入侵。当时珲春、汪清百草沟、和龙南岗一带都是招垦的区域。吴大澂委任李金镛总理招垦工作。在吴大澂移民实边政策推行的基础上,延边地区逐步得到开放。他不仅捍卫了领土主权,还促进了边疆的经济发展。

除了在东北边防事务上的成绩之外,吴大澂于1888年以河东河道总督之职前往郑州治理黄河,任职湖南巡抚之时督销湘茶,在中法战争期间坚决主战。撇开政治家的身份,吴大澂还是晚清著名的学者、金石学家和书法家。

童长荣

在中国国家博物馆里,并立着一男一女两尊塑像,他们是在同一场战争中牺牲的革命战士,男的是安徽枞阳人童长荣,女的是吉林汪清朝鲜族人崔今淑。

童长荣于1907年出生于安徽湖东(今枞阳),1921年考进安徽省立第一师范学校,并于同年参加了安庆社会主义青年团成立大会,参与反对皖系军阀削减教育经费充作军饷的斗争。后来,他继续投入到

反对直系军阀曹锟贿选总统的斗争中,遭到通缉。1925年,童长荣东渡日本,在东京帝国大学预科第一高等学校就读。就在这一年,他加入了中国共产党,翌年当选为东京中共特别支部领导成员,在东京参与组织了一系列斗争。1925年,因组织反对日本制造"济南惨案"恶行的起义,童长荣被迫回到国内。

回国后的童长荣,先后担任了上海、河南、大连等地的中共党委书记。"九一八事变"爆发后,童长荣于1931年11月来到延边地区(当时称为东满),开始创建东满抗日根据地。他组织建立了珲春第一支抗日别动队,随后在珲春、汪清、和龙、延吉等地相继建立起游击队和武装组织。从1932年年初起,东满各县出现了若干根据地。1934年,童长荣将各地游击队改编为东北抗日联军独立师,把东满抗日斗争推向一个新阶段。该年3月21日,日军发动突然袭击,当时正处于重病中的童长荣和照顾他的崔今淑没有突围成功,倒在了血泊里。

黄龟渊

朝鲜族故事大王黄龟渊

是中国三大故事大王之一，他一生讲述了1070篇民间故事。黄龟渊1909年出生于韩国京畿道，他的先祖黄喜是朝鲜李朝初期著名的宰相。少年时期，他的祖父、父亲以及老师李连对他成为民间故事口述艺人产生了深远影响。1937年，黄龟渊随着父母越过图们江在龙井扎根，而后一直从事农业生产。无论是在工作中，还是在日常生活中，黄龟渊都经常给身边的人讲民间故事。

黄龟渊讲述的千余篇故事，内容涵盖面非常广泛，从《朴赫居世》《王建》《李成桂》等神话传说到历史故事，从朝鲜族民俗到汉满民间故事，从善德女王、朴文洙、郑梦周、黄真伊等历史名人到鬼怪幻象，从生活故事到现代新人新事，从动物到植物……作为本区朝鲜族移民的后代，黄龟渊的故事中自然少不了朝鲜族移民、开垦的故事，并将朝鲜族丰富的民俗文化也融入故事当中去。此外，他的知识面非常广，作为一名民间农业专家（曾担任延边朝鲜族自治州的农业顾问），他将农业、医学、文学、哲学、语言等方面的内容以科学性、趣味

性的手段和方式糅合进故事中。他的故事完整性非常强，流畅而富有感染力，几乎没有重复。

作为一名口述故事的高手，黄龟渊很重视故事的口传性和个性化。他在讲述故事过程中，语言非常生动，同时能将传述过来的故事用自己的语言进行加工。1987年老人去世前，还在说"我的故事还没有讲完"。

尹东柱

龙井智新明东村有一座始建于1900年的朝鲜族传统民居，1917年12月30日，朝鲜族诗人尹东柱在此出生。他在龙井读完中学后，于1938年进入延禧专科学校（今韩国的延禧大学），3年后毕业又赴日本留学。1943年暑假，尹东柱在归国途中被日本官方以参与独立运动罪名逮捕；1945年2月16日，年仅28岁的诗人在日本九州福冈刑务所被残害致死。

这位朝鲜族子弟是20世纪40年代前后具有重要影响力的朝鲜族诗人，同时也是一名抗日志士。在尹东柱生活的年代，日本吞并了朝鲜，也将朝鲜族在中国境内分布最为集

中的延边变成了伪满洲国的间岛省，因此延边的抗日斗争开展得如火如荼。他的祖父、外祖父和父亲都是笃实的基督徒，也是抗日的斗士。特殊的历史环境和民族意识的觉醒，促使诗人的写作充满反抗精神，但其创作生涯非常短暂。1934年12月，尹东柱完成处女作《生与死》和《蜡烛一支》；1936年完成《故乡的故居》《向阳坡》《站在牡丹峰上》《云雀》《梦中醒来》等作品。1937—1940年是尹东柱诗艺更加成熟的阶段，期间他创作了《市场》《悲哀的族属》《遗言》《八福》等。

1941年太平洋战争爆发，尹东柱提前从延禧专科学校毕业。他将创作的19首诗歌自编成诗集《天和风和星和诗》，准备付诸出版未成，于是将诗集抄写成册分别送给恩师李扬河与好友郑炳昱各一本。后来，韩国一出版社根据郑炳昱收藏的手抄本出版了《尹东柱诗集》。这年年底，尹东柱前往日本留学。1941年也就成为其作品的分水岭。留日期间，他将《容易写成的诗》等5首诗歌寄给祖国的朋友，这5首诗便是迄今所知尹东柱最后的诗作。

主要参考资料

龙井县地方志编纂委员会：《龙井县志》，东北朝鲜民族教育出版社，1989年。

延吉市市志编委会：《延吉市志》，新华出版社，2003年。

吉林省图们市地方志编纂委员会：《图们市志》，吉林文史出版社，2006年。

珲春市地方志编纂委员会：《珲春市志》，吉林人民出版社，2000年。

汪清县委地方志编委会：《汪清县志》，汪清县委地方志编委会，2002年。

安图县地方志编纂委员会：《安图县志》，吉林文史出版社，1993年。

黑龙江省志地方编纂委员会：《黑龙江省志》，黑龙江人民出版社，1992年。

牡丹江市志编委会：《牡丹江市志》，黑龙江人民出版社，1993年。

东宁县志编审委员会：《东宁县志》，黑龙江人民出版社，2012年。

绥芬河市地方志编纂委员会：《绥芬河市志》，黑龙江人民出版社，2000年。

延边朝鲜自治州地方志编纂委员会：《延边朝鲜族自治州志》，中华书局，1996年。

延边朝鲜族史编写组：《延边朝鲜族史》，延边人民出版社，2010年。

金成文：《中国延边风土人情》，延边人民出版社，2006年。

延边博物馆编写组：《延边文物简编》，延边人民出版社，1988年。

杨旸：《明代东北疆域研究》，吉林人民出版社，2008年。

房金昌、桂剑锋：《延边风情》，延边人民出版社，2002年。

黄铄：《中国发展全书：延边卷》，红旗出版社，1997年。

本卷编委会：《中国西部开发信息百科：吉林延边卷》，吉林科学技术出版社，2003年。

中国大百科全书出版社编辑部：《中国大百科全书·中国地理》，中国大百科全书出版社，1993年。

崔乃夫：《中华人民共和国地名大词典》，商务印书馆，2002年。

张立权等：《中国山河全书》，青岛出版社，2005年。

谭其骧：《中国历史地图集》八卷本，中国地图出版社，1996年。

刘明光：《中国自然地理图集》，中国地图出版社，2010年。

杜怀静等：《吉林省地图册》，中国地图出版社，2013年。

李孝聪：《中国区域历史地理》，北京大学出版社，2004年。

朱卫红等：《图们江下游农业地貌类型特征及利用方向》，《延边大学学报》，1998年04期。

卢春宏：《我国延边朝鲜族传统体育文化研究》，《阴山学刊》，2008年01期。

崔明玉：《社会变迁中的朝鲜族婚礼文化》，《青海社会科学》，2008年04期。

孙玉良：《略述大钦茂及其统治下的渤海》，《社会科学战线》，1982年04期。

徐文铎等：《长白山植被类型特征与演替规律的研究》，《生态学杂志》，2004年05期。

于春海、张贵军：《鸟青山自然保护区森林植被特性》，《林业科技情报》，2010年03期。

石磊：《延吉盆地白垩纪地层序列及盆地演化》，吉林大学，2008年。

朱凌：《清代柳条边外城镇类型与发展模式研究》，《东北师范大学》，2004年。

王凤、张永泉、尹家胜：《川陕哲罗鱼、太门哲罗鱼及石川哲罗鱼的生物学比较》，《水产学杂志》，2009年01期。

金东淳、崔天日、金美兰：《1902年汪清6.6级地震与春阳—汪清—珲春NW向断裂带活动》，《中国地震》，2004年03期。

王团华：《长白山区图们江流域新生代火山活动及其构造意义》，中国地震局地质研究所，2006年。

付婧：《图们江流域不同类型湿地植物群落对环境的响应研究》，延边大学，2012年。

赵院冬等：《延边—东宁地区晚三叠世花岗岩地球化学特征及其大地构造背景》，《吉林大学学报》，2009年03期。

潘国政：《绥芬河水环境分析与评价》，《黑龙江水利科技》，2008年05期。

贾琦等：《图们江流域资源环境与可持续发展战略分析》，《延边大学农学学报》，2009年03期。

杨桄等：《图们江流域敬信湿地生物多样性及其保护对策》，《湿地科学》，2006年01期。

杨兴家、吴志刚、崔光吾：《图们江下游的珍稀脊椎动物》，《动物学杂志》，1994年05期。

高立新：《中国东北地区地震活动的动力背景及其时空特征分析》，《地震》，2011年01期。

吕政：《吉林省汪清两次深源地震的研究》，《东北地震研究》，2003年04期。

于春海、张贵军：《鸟青山自然保护区森林植被特性》，《林业科技情报》，2010年03期。

季家清等：《鸟青山自然保护区现状评价及今后发展目标》，《科技资讯》2008年08期。

沈海龙等：《延边地区赤松林及其应用价值的初步探讨》，《吉林林业科技》，1991年06期。

陈九屹：《吉林珲春自然保护区东北虎及其猎物资源调查》，《动物学杂志》，2011年02期。

彭健羽：《野生东北虎、远东豹关键栖息地猎套分布模式分析》，东北师范大学，2013年。

孙钧：《吉林省天宝山多金属矿矿床系列特征及其找矿意义》，《吉林地质》，1994年02期。

郎伟民等:《吉林省汪清油页岩矿床地质特征及找矿标志》,《吉林地质》,2011年03期。

姜鹏:《吉林安图人化石》,《古脊椎动物与古人类》,1982年01期。

匡瑜:《战国至两汉的北沃沮文化》,《黑龙江文物丛刊》,1982年01期。

范恩实:《肃慎起源及迁徙地域略考》,《民族研究》,2002期03期。

梁玉多:《论肃慎族系诸称谓的关系及勿吉的来源》,《满族研究》,2010年03期。

董万崙:《清代库雅喇满洲研究》,《民族研究》,1987年04期。

李基云:《图们江地区开发与口岸经济的发展》,《延边党校学报》,2000年04期。

经文:《关于图们江出海权的问题》,《延边大学学报》,1995年01期。

江淮:《图们江——我国最北面的出海口》,《世界知识》,2009年19期。

孙春日:《清末中朝日"间岛问题"交涉之原委》,《中国边疆史地研究》,2002年04期。

王春良:《论日、苏张鼓峰事件和诺门坎事件》,《聊城大学学报》,2004年01期。

刘子敏、房国凤:《苍海郡研究》,《东疆学刊》,1999年02期。

郑永振:《论渤海国的种族构成与主体民族》,《北方文物》,2009年02期。

李健才:《珲春渤海古城考》,《学习与探索》,1985年06期。

王禹浪、王宏北:《蒲鲜万奴与东夏国》,《哈尔滨师专学报》,1999年03期。

王春雪、陈全家:《图们江流域旧石器时代晚期黑曜岩遗址人类的适应生存方式》,《边疆考古研究》,2005年00期。

晓辰:《谈渤海文王大钦茂时期的都城建制》,《北方文物》,2004年02期。

王培新等:《吉林珲春市八连城内城建筑基址的发掘》,《考古》,2009年06期。

韩茂才:《东宁要塞群发现始末》,《黑龙江档案》,2000年04期。

张钟月:《朝鲜族非物质文化遗产的保护与传承》,延边大学,2010年。

玄振国:《延边地区抗日根据地研究》,延边大学,2006年。

李满娜:《朝鲜族舞蹈艺术的主要特点和发展演变——以象帽舞为例》,《大众文艺》,2008年09期。

王纯信:《满族剪纸与萨满教》,《满族研究》,1988年01期。

栾桂芝、贾瑞光:《朝鲜族传统体育的特征与传承》,《大连民族学院学报》,2010年04期。

柳成栋:《吴大澂在督办吉林边务中的历史贡献》,《黑龙江史志》,2013年02期。

谭译:《童长荣烈士二三事》,《党史纵横》,2007年03期。

许晶玉:《延边地区朝鲜族服饰文化探析》,东北师范大学,2011年。

金正一、王华文:《朝鲜族与汉族的人参风俗之比较》,《延边大学学报》,1998年03期。

华阳:《花甲宴的由来》,《人才资源开发》,2013年01期。

刘欣:《朝鲜族出生礼仪》,《新长征》,2012年08期。

朴永光:《朝鲜族"扇子舞"》,《民族艺术》,1992年02期。

马金月:《朝鲜族民间文艺奇葩<农乐舞>》,《中国民族》,2010年05期。

钟伯清:《略论朝鲜族饮食文化的特色和价值》,《黑龙江民族丛刊》,1998年01期。

本书所涉区域的各级政府官方网站

中国知网

中国在线植物志

中国动物主题数据库

图片工作者

图片统筹：FOTOE/王敏　　插图绘制：谢昌华　郑占晓　唐凌翔

特约摄影：伍远近

图片提供：

alchemist/FOTOE: P79图

CFP/FOTOE: P68, 96, 165, 181图

CTPphoto/FOTOE: 封面, P162图

READFOTO/FOTOE: P107图

Rinusbaak/FOTOE: P90图

Thomasash/FOTOE: P90图

Yellowstone/FOTOE: P92图

安保权/FOTOE: P106图

冰城雪野/FOTOE: 封面, P88图

陈锦/CTPphoto/FOTOE: P186图

陈一年/CTPphoto/FOTOE: P68, 172图

单晓刚/CTPphoto/FOTOE: P170图

杜殿文/FOTOE: 封底, P4, 110, 121, 135, 161, 164, 168, 176图

杜殿文/READFOTO/FOTOE: P123图

多吱/FOTOE: P5, 114, 135, 153图

俄国庆/FOTOE: 封面, P183图

樊甲山/FOTOE: P120图

胡武功/CTPphoto/FOTOE: P185图

黄旭/FOTOE: P85, 121图

姜云传/PPBC: P68, 83图

柯炳钟/CTPphoto/FOTOE: 封底, P110图

李江树/FOTOE: P167, 188图

李军朝/FOTOE: P121图

李学坤、张苑洋/人民图片/FOTOE: P110图

李正宏/FOTOE: P117图

梁家泰/CTPphoto/FOTOE: P6图

刘大健/CTPphoto/FOTOE: 封面, 封底, P143, 174, 180, 182图

刘峰/FOTOE: P166图

刘朔/FOTOE: 封面, P80, 83, 116, 119图

聂鸣/FOTOE: P151图

人民图片/FOTOE: 封面, P5, 33, 48, 81, 95, 167, 176, 187图

石宝琇/CTPphoto/FOTOE: P72图

孙鑫/FOTOE: P27, 163图

王福春/CTPphoto/FOTOE: P68图

王景和/FOTOE: P74, 84, 94图

王琼/FOTOE: P19, 78, 82, 93图

王文杰/FOTOE: P144, 145图

王文扬/CTPphoto/FOTOE: P47, 171图

文化传播/FOTOE: P108, 127, 129, 130, 132, 134, 139图

文仕博档馆/FOTOE: P113图

伍远近/FOTOE: 封面, 书脊, 封底, 扉页, P4, 9, 10, 12, 13, 16, 17, 18, 20, 21, 22, 23, 27, 28, 30, 32, 34, 35, 36, 38, 40, 42, 43, 46, 49, 50, 51, 52, 54, 56, 57, 58, 60, 61, 62, 63, 64, 65, 68, 69, 70, 71, 73, 74, 77, 79, 86, 100, 104, 112, 115, 117, 122, 124, 127, 131, 136, 137, 140, 146, 148, 149, 150, 152, 153, 154, 155, 156, 157, 166, 167, 169, 173, 182, 183, 188, 190图

肖殿昌/FOTOE: 封面, P91, 170, 178图

谢光辉/CTPphoto/FOTOE: P109, 158图

徐晔春/FOTOE: P118图

许旭芒/FOTOE: P92, 118图

杨延康/CTPphoto/FOTOE: 封底, P24图

苑帅/READFOTO/FOTOE: P97图

郑鹏/人民图片/FOTOE: P184图

钟江新 黄珂展 王秀娜/FOTOE: P116图

周鏒/PPBC: P3, 66, 68, 76图

朱洁/CTPphoto/FOTOE: P132图

庄灵/CTPphoto/FOTOE: P103图

特别鸣谢（排名不分先后）

中国科学院兰州分院

中国科学院南海海洋研究所

中国科学院寒区旱区环境与工程研究所

中国科学院东北地理与农业生态研究所

包头师范学院资源与环境学院

重庆地理学会

广西师范学院

广州地理研究所

贵州省地理学会

贵州师范大学

河南省科学院地理研究所

华南濒危动物研究所

华中师范大学城市与环境科学学院

江西师范大学

绵阳师范学院资源环境工程学院

内蒙古师范大学地理科学学院

青海省地理学会

青海师范大学

山东省地理学会

山东师范大学人口·资源与环境学院

山西省地理学会

山西师范大学地理科学学院

西南大学地理科学学院

浙江省地理学会

中山大学图书馆